Deutsche Colonisation,

eine Replik auf das Referat des

Herrn Dr. Friedrich Kapp

über

Colonisation und Auswanderung,

von

Hübbe-Schleiden D. J. U.

„Es lebt ein anders-denkendes Geschlecht!“
Schiller (Wilhelm Tell).

Hamburg.

L. Friederichsen & Co.

Geographische und nautische Verlagshandlung.

1881.

Dem

Central-Verein für Handelsgeographie

und Förderung deutscher Interessen im Auslande zu

Berlin

ehrerbietigst zugeeignet

vom Verfasser.

Unserer Ueberzeugung nach ist die **Organisation** der deutschen Massen-Auswanderung eine Phase in dem Ringen der deutschen Nation nach Selbstständigkeit. — Die Freiheitskämpfe 1813 besiegten die Fremdherrschaft; das Jahr 1848 bereitete die innere Freiheit des Volkslebens vor; 1866 löste von den Füßen der fortschreitenden Nation das Bleigewicht des nur halbdeutschen Oesterreich; 1870 emancipirte von der französischen Vorherrschaft in Europa; die Emancipation von dem Einflusse des großen slavischen Nachbars im Osten ist seit 1879 vorbereitet und wird vermuthlich doch einmal noch mit der Waffe in der Hand durchgeführt werden; im wirthschaftlichen Leben wird die Parole „Los von der Bevormundung Englands“ bald die Mehrheit gewinnen und sich dann siegreich geltend machen. „Los von Nord-Amerika!“ das sei die Parole für die deutsche Auswanderungspolitik! Diese Parole wird im Laufe der Generationen zu rein deutschen überseeischen Staatsbildungen führen und damit dem Deutschthum die ihm gebührende Weltstellung sichern, — eine **Weltstellung**, welche vielleicht die gegenwärtige des anderen großen Zweiges der germanischen Völkerfamilie zu ergänzen oder sogar abzulösen berufen sein wird.

„Export, Organ des Central-Vereins für Handelsgeographie ꝛc.“, pag. 366 Nr. 38, II
Berlin, 21. September 1880.

Hamburg, im März 1881.

Inhalt.

Dispositions-Uebersicht.

Die Ziffern hinter den Inhaltsangaben verweisen auf die Seitenzahl.

IV. Nothwendigkeit extensiver Culturpolitik, 50—78.

V. Möglichkeit deutscher Colonisation, 79—102.

VI. Ein nächstliegendes Ziel, 102—115.

Tabellen des Anhangs.

Deutsche Colonisation.

„Colonien sind nur der Ausdruck und Widerhall heimischen Unternehmungsgeistes und Fleißes; nur ein bürgerlich blühendes und gesundes, nur ein emporstrebendes Volk kann lebensfähige Töchterstaaten gründen; ein in sich zerrüttetes politisches Gemeinwesen dagegen vermag nicht mehr gestaltend in die Ansiedlung fremder Länder einzugreifen, noch hat es dort ein entscheidendes Wort mitzureden. Diesem Gesetze entsprechend colonisirte Deutschland zur Zeit seiner mittelalterlichen Blüthe seine Ostmarken und gründete an der Ostsee mächtige Städte und Staaten; nach dem dreißigjährigen Kriege aber, in der Periode seines tiefsten geistigen und materiellen Verfalls, verlor es auch alle Kraft politischer Initiative und sank zum ohnmächtigen Schleppträger des Auslandes herab. Erst ein volles Menschenalter nach dem westfälischen Frieden wagte das gedrückte Volk seine scheuen Blicke behufs Verbesserung seiner elenden Lage in die Ferne zu richten, und als 1683 die erste größere Auswanderung unter Pastorius stattfand, war sie nicht der Ausdruck nationalen Könnens und Wollens, sondern demüthiger Unterordnung unter die englische Macht. Nicht tonangebend und auf Jahrhunderte hinaus bestimmend, wie sie es möglicher Weise noch unter Gustav Adolph gekonnt hätten, sondern duckend und bückend drückten sich die deutschen Auswanderer in den Winkel, welchen ihnen die ihren eigenen Vortheil suchenden Engländer überlassen hatten."

Dr. Friedrich Kapp (Geschichte der deutschen Einwanderung in Amerika pag. 31 f.).

I.

Die kommende Generation.

»Le mieux est l'ennemi du bien.«
Voltaire (nach dem Italienischen).

Zwei verschiedene geistige Generationen treten jetzt in Deutschland einander gegenüber, das letzte Geschlecht des früheren politisch-ohnmächtigen deutschen Volkes und das erste der sich jetzt neu-gestaltenden deutschen Nation. Solcher Gegensatz eines älteren geistigen Geschlechts und einer eben jetzt heraufkommenden Generation, welche andern Sinnes ist und andre Interessen hat, zeigt sich gegenwärtig auch bei anderen hervorragenden Völkern der europäischen Raße; besonders charakteristisch aber verschärft sich dieser Gegensatz verschiedenartiger geistiger Sphären in unserer deutschen Nation durch die bewegten Zeiten und die sich rapide ungestaltenden äußeren und inneren Verhältnisse unseres Volkslebens. Das herrschende geistige Geschlecht im heutigen Deutschland ist mit den lange erfolglosen Bestrebungen des Jahres 1848 alt geworden; der Nachwuchs aber, welcher unter dem großartigen Eindrucke der realen Ereignisse unserer äußeren Politik in den Jahren 1866—71 heranzureifen begann, wird im zukünftigen Deutschland den Typus seines Wesens ausprägen und zur Geltung bringen.

Das Arbeitsfeld jener älteren Generation war, und ist noch heute, nur die innere Cultur-Entwicklung unsres Volks, die Schaffung derjenigen culturellen Grundlagen, welche zur lebensfähigen Existenz einer deutschen Nationalität in erster Linie erforderlich sind. Dieses ist das gleiche Ziel, welches heute all unsere national-gesinnten Parteien mehr oder weniger bewußt vor Augen haben; jede Partei ist auf ihre eigene Weise bestrebt, diese Aufgabe in ihrem eigenen Sinne zu lösen. Conservatismus und Liberalismus sind die hauptsächlichsten Gegensätze, welche sich auf diesem weiten Gebiete innerer Entwicklung geltend machen. Auch diese Gegensätze rühren ursprünglich her von den Unterschieden zweier zeitlich getrennten geistigen Generationen, von denen die conservative vorwiegend in der ersten Hälfte dieses Jahrhunderts, die liberale mehr in der zweiten Hälfte desselben tonangebend war.

Der Widerstreit dieser beiden Elemente aber giebt unsern culturpolitischen Anschauungen und Verhältnissen des 19. Jahrhunderts ihr eigenartiges Gepräge. Der zeitliche Unterschied der Entstehung beider Geistesrichtungen ist heute bedeutungslos geworden, sie stehen sich jetzt social und politisch gleichberechtigt gegenüber und arbeiten neben einander im eifrigen Wettstreit gemeinsamen Zielen entgegen. Immer specificirter wird dabei die Arbeitstheilung ihrer Interessen, das gemeinsame Band aber, welches all unsere heutigen Parteien umschlingt, ist ihr Interesse für das innere Culturleben unseres Volkes; sie alle stehen auf dem gemeinsamen Boden und innerhalb des gemeinsamen Ideenkreises der intensiven Entwicklung unserer Nationalität.

Anders gestaltet sich das kommende Geschlecht unserer Nation. Die besonderen Verhältnisse seiner bisherigen Entwicklung weckten in ihm den Sinn für äußere Politik und gewährten ihm noch eine weitere Vorbedingung für die Lebensfähigkeit unserer Nationalität, welche ebenso unerläßlich ist, wie die uns von den älteren Generationen geschaffenen und überlieferten Grundlagen; diese Vorbedingung ist das nationalpolitische Selbstgefühl. Solcher Nationalstolz oder besser nationales Selbstbewußtsein, ist der Keim nationaler Lebenskraft. Freilich bedarf dieser Keim, wenn er nicht verkümmern und ersticken soll, reichlich Luft und Licht einer unausgesetzten culturellen Bethätigung; ohne dieses Selbstgefühl aber mag solche culturelle Bethätigung eines Volkes wohl einen allgemein-civilisatorischen Werth haben, wird jedoch niemals zur Hebung der politischen Nationalität des Volkes beitragen. Bethätigen kann sich nationales Selbstgefühl im Wesentlichen nur im Wettstreit mit anderen Nationen, also bei einer extensiven Entwicklung der eigenen Nationalität. Diese muß daher die eigentliche Lebenssphähre unsres kommenden Geschlechtes bleiben. Dasselbe wird dereinst auch wesentlich dazu beitragen, die Aufgaben unserer inneren Cultur-Entwicklung über die bisherigen Errungenschaften hinaus fortzuführen und mag wohl manche derselben lösen; das Gebiet aber, auf welchem die kommende Generation hauptsächlich wirken und schaffen wird, ist die äußere Cultur-Entwicklung unserer Nation.

Jenes ältere Geschlecht konnte, und kann auch heute noch, sich kaum irgend eine Frage von politischer Bedeutung denken, ohne daß die Gegensätze des Conservatismus und Liberalismus dabei in Frage kommen müßten. Daß es politische Interessen und Cultur-Aufgaben giebt, welche himmelweit über solche Gegensätze hinausgehen, das ist eine Anschauung, die erst in dem jetzt heraufkommenden Geschlechte keimt. Diese kommende Generation ist als solche weder dem Conservatismus noch dem Liberalismus Feind, weil eben die Ziele ihres Strebens in der ganz anderen Sphäre liegen, in welcher sie heranwuchs. Sie wird jenes ältere Geschlecht, ihre geistigen Väter, achten und ehren, wie auch ein Sohn seinen leiblichen Vater ehren soll. Sie wird nicht das ernste Streben unterschätzen, welches die vergangenen Jahrzehnte unseres nationalen Lebens erfüllt hat, und sie erkennt sehr wohl auch die Resultate an, welche durch den nationalen Gemeinsinn jenes alternden Geschlechtes erzielt worden sind; aber sie strebt hinaus über diese Ziele, diese Resultate.

Nur mit Unrecht hat unsre liberale Presse mehrfach die heutige Jugend Deutschlands „reactionär" genannt. In sofern der Liberalismus als der in den letzten Jahrzehnten am meisten hervorstechende Typus jenes Geschlechts erscheint, tritt allerdings die jüngere Generation speciell in Gegensatz zu diesem Typus. Dieser Gegensatz wird stark empfunden, ist jedoch darum noch kein feindlicher; denn das kommende Geschlecht strebt nur eine normale organische Fortentwicklung an. Daß dabei aber das Bewußtsein eines Gegensatzes sich vorwiegend bei den liberalen Parteien geltend macht, ist leicht erklärlich. Es liegt in der menschlichen Natur begründet, daß sie an denjenigen Zielen und Errungenschaften, welche sie selbst erstrebt, erkämpft und erarbeitet hat, zäher festhält, als an denen früherer oder späterer Generationen und auch geneigt ist, jene für wichtiger zu halten als diese. Während so die Väter sich leicht veranlaßt sehen, die Interessen und das Urtheil der Söhne zu unterschätzen, haben diese in Wirklichkeit einen großen Vortheil vor jenen voraus durch die Objectivität ihrer unbefangenen Anschauung derjenigen Verhältnisse, welche für sie Vergangenheit sind, für die Väter aber Gegenwart waren. Ferner ist es naturgemäß, daß jede culturelle Bewegung zuletzt über ihr Ziel hinausgeht. Kein geistiges Streben ist unfehlbar, keine menschliche Existenz ist absolut, alle Begriffe sind relativ und setzen sich nur aus ihren Verhältnissen zu einander zusammen. Was man „richtig" oder „normal" nennt, ist nur die gerade Mittellinie, um welche jezeitig die verschiedenen Richtungen menschlicher Bestrebungen sich wie Pendelschwingungen nach rechts und nach links bewegen. Jede neu entstehende Bewegung, jede sich entwickelnde Existenz, opponirt zuerst und am schärfsten gegen diejenigen Uebelstände, unter denen sie ihre bisherige Entwicklung hat leiden sehen, und die sie deshalb für ganz besonders nachtheilig hält. Durch solches Wirken und Gegenwirken eben bildet sich erst die „Normalität" einer organischen Entwicklung. Das jetzt alternde

Geschlecht hat sich unter dem Drucke autoritativer Gewalt heraufgearbeitet und war erfolgreich bestrebt, sich von dieser „zur Plage gewordenen Wohlthat" der Bevormundung zu befreien, dagegen wuchs die jetzt heranreifende Generation auf „unter dem Eindrucke vielfachen Mißbrauchs, nicht obrigkeitlicher Gewalt, sondern rechtlicher Freiheiten" *) von Seiten des Volkes, dessen Culturkräfte solchen neu erworbenen Berechtigungen noch nicht sogleich gewachsen waren. Jene ältere Generation hat sich und ihren Nachkommen die Segnungen eines freien Verkehrs und eines ungehinderten Wettstreites aller Culturkräfte errungen. Größere Selbstständigkeit des individuellen Denkens und Handelns war das Resultat ihrer Culturarbeit; und das dadurch gewonnene Element der persönlichen Verantwortlichkeit des Einzelnen für sich selbst und für das größere Ganze, dem er angehört, erzielte die weittragendsten culturellen Wirkungen. Wie aber diese Ausbildung der modernen Volkswirthschaft das größte Verdienst jener Generation ist, so zeigt sich auch vornehmlich auf diesem Gebiete die Schwäche und Einseitigkeit derselben. Gerade unter den am spätesten zur Geltung gekommenen Elementen dieses älteren Geschlechts begegnet heutzutage unsre Volkswirthschaft ihren unliebsamsten Enfants terribles, jenen Doctrinären, welche an die Unfehlbarkeit und universelle Gültigkeit ihrer Principien für alle Zeiten und für alle Menschen glauben, die keine Vorstellung haben von der vielseitigen Relativität und der im Fortgange der Entwicklung niemals stille stehenden Veränderung aller Verhältnisse, und die sich gar einreden, daß etwa freie Concurrenz ein Mittel gegen den Hungertyphus oder daß Verbesserung des Schulwesens ein Mittel gegen Uebervölkerung sei. Nicht gegen das Wesen des älteren Geschlechts als solches, sondern nur gegen dessen Schwächen und Einseitigkeiten opponirt die jüngere Generation; sie empfindet, daß solche Mängel den reinen Typus des Geschlechts der Väter verunstalten, von denen herzustammen sie sich rühmt; aber sie wird sicherlich die Männer ehren, welche vor ihr Hohes erstrebt und Großes geleistet haben. Sie selbst will allerdings Höheres erstreben, Größeres leisten; doch eben dadurch allein kann und wird

*) Vergl. den „Hamburgischen Correspondenten" No. 232, vom 29. September 1880. Als z. B. die Production unseres Volkes von dem lähmenden Zwange veralteter Institutionen befreit wurde, entstanden zunächst manche Uebelstände dadurch, daß sowohl unsere Productionskräfte selbst (die Producenten) als auch unser Publicum (die Consumenten) nicht sofort im Stande waren, durch Geltendmachung ihrer eigenen Urtheils- und Willenskraft die Vortheile zu ersetzen, welche ihnen das verwöhnende Gängelband des bevormundenden Zwanges immerhin doch gewährt hatte.

sie sich jener Männer würdig erweisen. Nicht durch verknöchertes Festhalten an hergebrachten Formen nnd Theoremen, sondern durch selbstständige Fortentwicklung auf den bisher gewonnenen Grundlagen wird sie sich bethätigen. Ihre Ziele sind Erweiterung des geistigen Horizontes, Erhöhung der culturellen Ideale, Hebung des schaffenden Unternehmungsgeistes und Vergrößerung des wirthschaftlichen Wirkungskreises unserer Nation.

„Was heute die Jugend denkt und will, das wird ein Menschenalter später die Nation denken und wollen" (Dahlmann). Schon um ihrer selbst und um der Zukunft der Nation willen darf die heutige Jugend Deutschlands eine eingehende Berücksichtigung, ja eine selbstständige Anerkennung ihrer Bestrebungen fordern. Diese wird ihr aber um so eher zu Theil werden, da offenbar alle erforderlichen Berührungspunkte zu einer Verständigung aller national-gesinnten Männer über die thatsächlich vorliegenden Interessen und Bedürfnisse unserer Nationalität vorhanden sind, und da es sich jetzt nur um eine organische Fortentwicklung handelt. Vor allem aber wird es auch für die ältere Generation in ihrem eigenen Interesse wünschenswerth sein, auf solche neue lebenskräftige Culturkeime Acht zu geben, welche sich in den Kreisen des jüngeren Geschlechtes täglich stärker kund thun.

Die Ziele der älteren Generation sind gegenwärtig in ihren wesentlichsten Theilen erreicht worden. Die Einheit unseres Volkes, die Gestaltung desselben zu einer politisch-selbstständigen Nation ist verwirklicht, ist schneller und in mancher Hinsicht wohl auch großartiger verwirklicht, als das jetzt alternde Geschlecht es in seiner Jugend je zu erleben hat hoffen können. Diese äußere Kräftigung unserer nationalen Verhältnisse hat ferner auch wesentlich dazu beigetragen, andere wichtige Aufgaben, welche jenes ältere Geschlecht sich gesetzt hatte, ihrer Lösung näher zu führen. Die politischen Organe des geeinten Deutschlands haben Wünsche mancher weiten Volkskreise erfüllt und haben Fragen von intensivster Wichtigkeit zum Austrag gebracht, welche andern Falls nicht einmal zu einer maßgebenden Erörterung hätten gelangen können; namentlich sind seitdem auch die liberalen Bestrebungen zur Geltung gekommen, wie nie zuvor. Diejenigen Aufgaben der älteren Generation aber, welche bisher nicht befriedigend gelöst wurden, sind bereits so klar erfaßt und von jeder der Parteien so scharf nach ihren eigenen Richtungen hin definirt, daß durch weitere Discussion die Lösung derselben jetzt nicht zu erwarten sein wird; vielmehr droht solches fruchtlose Streben nur die streitenden Parteien selbst aufzulösen. Unser inneres politisches Leben zeigt immer deutlicher Symptome des Marasmus; die Kraft des Schaffens und Gestaltens beginnt merklich zu erlahmen; selbst der Kampf der Gegenströmung und Rückströmung, welcher sonst recht eigentlich das politische Leben stärkt und nährt, scheint jetzt nur die Zersetzung der Parteien zu fördern. Beständig mehrt sich die Zahl der politischen Fractionen und Gruppen; Conservative sowie liberale Principien gehen mehr und mehr einer Zersplitterung entgegen; in immer subtileren Gegensätzen werden die verschiedenen Ziele präcisirt und specialisirt; immer feiner werden die Nüancen, welche eine Partei von der anderen unterscheiden, und wir finden heute zwischen den Extremen des Reactionärs nnd des Radicalen eine fast ununterbrochene Reihe von Parteischattirungen. Immer weiter gehen dabei diese Extreme aus einander; immer unversöhnlicher erscheinen selbst die geringsten Gegensätze; immer unklarer werden die Mittel und Wege; immer schwüler wird die Lebensluft innerhalb dieses Gährungsprocesses. Wenn unsere culturellen Verhältnisse sich ausschließlich auf dieser gegenwärtigen Basis fortentwickeln sollten, so wäre zu vermuthen, daß unser gesammtes politisches Leben sich unaufhaltsam desorganisiren und zuletzt völlig auflösen würde. Nur eine neue große Idee, ein weiterer größerer Horizont, ein ferneres größeres Ziel können unser nationales Leben vor solchem Zerfall retten, können ein kräftiges Wachsthum unserer Nationalität ermöglichen und können unsere nationale Cultur von der Höhe der Gegenwart einst auf die Höhe der Zukunft erheben.

Das jetzt unter uns heranreifende Geschlecht jugendlicher Geister hat *diese* Leistung zu vollbringen; von dieser „kommenden Generation" allein ist die Erfassung dieser Aufgabe zu *erwarten*; und sie wird dieselbe lösen. Bei allen Culturvölkern, welche je zu einer dauernd tonangebenden Stellung im Kreise der Civilisation gelangt sind, war es stets nur die äußere Cultur-Entwicklung der Nationen, welche ihrer inneren Entfaltung höhertragende Lebenskraft gab. Ja nicht allein dieses: Ganz dasselbe Gesetz durchdringt alles organische Leben in der Natur sogut wie in der Cultur. Dort, in der natürlichen, räumlich-körperlichen Welt, stellt sich die *innere* Entfaltung der Typen (Gattungsformen) als eine in die Höhe strebende, die *äußere* Entfaltung derselben als eine in die Breite gehende Entwicklung dar. In jeder normalen Gestaltung folgt der Höhenentwicklung allemal auch die Breitenentwicklung*), und nur wenn beide gleichzeitig mit

*) Vergl. über diese technischen Ausdrücke u. a. Dr. Georg *Gerland* „Anthropologische Beiträge" (Halle 1875, Max Niemeyer) pag. 60 ff.

einander Hand in Hand gehen und fort und fort wirken, kann eine solche Gestaltung lebensfähig sein und bleiben. So allein kann auch die Cultur-Entwicklung unserer deutschen Nation dauernd zu größter Existenzfähigkeit gedeihen. Nur durch solche äußere Entfaltung unserer Nationalität kann auch die Einheit unseres Volkes weiter gefördert und consolidirt werden. Nur unter dem Einflusse einer solchen neuen geistigen Strömung, getragen von neuen frischen Kräften, können auch die jetzigen Aufgaben unserer inneren Cultur-Entwicklung einer befriedigenden Lösung näher geführt werden.

Die wesentlichsten Gegensätze dieser künftigen Entwicklung unserer Nationalität sind nicht Guelf und Ghibelline, nicht Conservatismus und Liberalismus, nicht Schutzzoll und Freihandel, nicht Feind und Freund, sondern sind vielmehr: einst und jetzt,

das ältere Geschlecht und die kommende Generation.

II.

Deutsche Colonialpolitik und deren Gegner.

»Veritas oritur quandoque ex errore,
sed nunquam ex confusione.«
Baco von Verulam.

In der letzten Hälfte des Octobers 1880 sind die verschiedenen Ideenkreise der älteren und der jüngeren Generation zum ersten Male ostentativ in der Hauptstadt unserer Nation einander gegenübergetreten. Vom 20. bis zum 24. October tagte in Berlin der 19. Congreß deutscher Volkswirthe; vom 25. bis 29. October ebendaselbst der 1. Congreß des „Central-Vereins für Handels-Geographie und Förderung deutscher Interessen im Auslande". Der volkswirthschaftliche Congreß kann recht eigentlich als der Mittelpunkt derjenigen culturellen Interessen und Leistungen gelten, in welchen sich der Charakter unserer jüngst vergangenen Jahrzehnte ausprägt, und dieser tritt gerade jetzt als der hervorstechendste Typus des älteren geistigen Geschlechtes auf. Der handelsgeographische Congreß dagegen war der erste gesammtdeutsche Ausdruck der Interessen und Bestrebungen der jüngeren Generation, welche damit das volle Recht der Lebenden für sich beanspruchte und sich bereitete, durch eigene Leistungen sich die Zukunft zu erkämpfen, welche *ihr* allein gehört.

Dieser principielle Gegensatz kam freilich nicht *authentisch* zum Ausdruck. Der volkswirthschaftliche Congreß schließt keineswegs eine organische Fortentwicklung seiner Ideen und Arbeiten auf sicherer wissenschaftlicher Grundlage statutengemäß aus, und es ist andererseits auch nicht Zweck des Central-Vereins, irgend eine wissenschaftliche Ansicht als unanfechtbares Axiom zu vertreten oder irgend welche politischen Parteien zu bekämpfen. Thatsächlich aber zeigte sich der Unterschied beider Ideenkreise unverkennbar in den verschiedenen Stimmungen und Perspectiven, welche in der einen Versammlung und in der anderen zur Geltung kamen. Namentlich war es der volkswirthschaftliche Congreß, welcher de facto gegenüber den Bestrebungen der jüngeren Generation Stellung nahm.

In der 2. Sitzung der Volkswirthe, am Nachmittage des 22. Octobers, formulirte Herr Dr. Friedrich Kapp die Ansichten jenes Congresses über „Colonisation und Auswanderung" und traf damit nicht nur die eigenartige Geistesrichtung der jüngeren Generation überhaupt, sondern auch speciell den Schwerpunkt ihrer gegenwärtigen Bestrebungen. Selbstständige Betheiligung unserer Nationalität unter den hervorragenden Nationen der Erde ist die Culturaufgabe, welche unser kommendes Geschlecht in der Welt zu erfüllen hat. Je beschränkter unsere Mittel, je ärmer unser Volk an Capital und je ungünstiger die Naturverhältnisse unseres Vaterlandes sind, desto mehr wird unsere Nation bestrebt sein müssen, ihre Intelligenz, ihr Capital nnd ihre Arbeitskraft nur in der productivsten Weise zu verwerthen. Auch in Europa bietet sich uns manche Gelegenheit, unsere Culturkräfte nach außen hin zu bethätigen: die hierbei in Frage kommenden Länderstrecken aber stehen an wirthschaftlicher Entwicklungsfähigkeit, sowie an cultureller Bedeutung den reichen Natur- und Culturgebieten anderer Welttheile wesentlich nach; auch die Productionsfähigkeit und die Productivität solcher überseeischen Länder pflegt bei gleicher Sicherheit die Rentabilität der Capitalanlagen im centralen, westlichen und südlichen Europa weit zu übertreffen. Naturgemäß ist daher die jüngere Generation bestrebt, ihre wirthschaftlichen Kräfte vorzugsweise in jenen besseren und besten Ländern der Welt zu verwerthen, und in der That wird eine extensive Culturpolitik unserer Nation im Wesentlichen stets auf überseeische Länder angewiesen sein. Solche extensive Entwicklung unseres Wirthschaftsbetriebes und unseres culturellen Wirkungskreises ist bisher das einzige ihrer Ziele, welches die jüngere Generation positiv in's Auge gefaßt hat. Auf diesen Punkt allein konnte somit auch der volkswirthschaftliche Congreß seine Beurtheilung dieser neu sich regenden Kräfte richten.

Dies geschah in dankenswerther Allgemeinheit, nicht nur auf einzelne bisher gemachte Vorschläge, sondern vor allem auf die zu Grunde liegenden Gedanken und Principien eingehend. Allerdings ließ schon die Fassung des Themas als „Colonisation und Auswanderung" erkennen, daß es an einem vollen Ueberblick über den ganzen Umfang der culturellen Basis, um die es sich für uns handelt, fehlen würde; und so war es auch in der That. Die beiden verschiedenen Ideenkreise haben ein Gebiet von nur beschränktem Flächenraum mit einander gemein. Außer diesen gemeinsamen Anschauungen, die innerhalb beider geistigen Sphären liegen, kamen nur Begriffe und Retrospecte der älteren Generation zur Erörterung, während doch der Kern und

Mittelpunkt der zu beurtheilenden Bestrebungen ziemlich weit außerhalb des Gebietes der gemeinsamen Anschauungen liegt und zwar eben auf der entgegengesetzten Seite zu der, auf welcher sich die sonstigen in Betracht gezogenen älteren Grundlagen unseres nationalen Culturlebens finden.

Immerhin fehlte es nicht an dem gemeinsamen Grund und Boden, auf welchem beide Geistessphären in einander greifen, und auf dieser Basis trat für die ältere*) Generation ein Mann auf, dessen Kenntniß und Verständniß für die dort maßgebenden Thatsachen hüben wie drüben unbestritten ist. Ja mehr als das! Die Anschauungen Dr. Friedrich Kapps, welche seit Jahrzehnten vom deutschen Publicum anerkannt sind, müssen nicht nur als den Verhältnissen unseres Volkes vor der Gründung des deutschen Reiches thatsächlich entsprechend gelten, sondern auch der Geist, welcher sich in seinen (meist historischen) Arbeiten ausspricht, ist ein Element, welches für eine dauernd lebensfähige Existenz unserer Nation ganz unerläßlich ist. Seine Einsicht in die Erbärmlichkeit unserer Vergangenheit, sein Haß gegen die geistesbeschränkte Kleinstaaterei, seine Hoffnung auf eine große Zukunft unseres germanischen Stammes, der mehr als irgend ein anderes Geschlecht der Menschheit den freiesten und höchsten Anforderungen der großen, weiten Welt gewachsen ist: solche Ideen werden dazu beitragen, die deutsche Nation künftig groß zu machen, und unsere politische Existenz mit der Zeit noch auf andere, mehr culturelle Grundlagen zu stellen, als auf die einer starken Militärmacht; solche Ideen werden auch bei der kommenden Generation ein viel wärmeres Verständniß und einen viel stärkeren Widerhall finden, als bei dem heute tonangebenden Geschlechte. Wenn Herr Dr. Kapp aber dennoch die einfachen und natürlichen Consequenzen negirte, welche der Central-Verein aus solchen Thatsachen und Anschauungen für die culturpolitische Zukunft unserer Nation zieht, so hatte das seinen Grund ausschließlich darin, daß er sich von der gemeinsamen Basis, auf die er sich gestellt

*) Es mag nicht überflüssig sein, wenn ich hier noch einmal ausdrücklich darauf aufmerksam mache, daß ich nur von geistigen Generationen rede, die sich zwar generell an physische Menschenalter anlehnen, aber weder durch das Lebensalter einzelner Männer bestimmt werden, noch auch umgekehrt immer die Vorstellung von Alter oder Jugend bei den Vertretern der verschiedenen Ideenkreise hervorrufen dürfen. Beiden hier gegenübergestellten „Generationen" gehören Männer jedes Alters an. Herr Dr. Kapp z. B. steht in der Vollkraft seines Lebens, wogegen weit ältere Männer die gegentheiligen Ansichten der jüngeren Generation auf dem handelsgeographischen Congresse vertraten.

hatte, nur einseitig nach der Vergangenheit hin wandte und dabei der Zukunft unserer Nation und ihrem kommenden Geschlechte geistig den Rücken zukehrte. Er sah das Zukünftige gewissermaßen nur im Spiegel der Vergangenheit: Was Wunder, daß er da blasse Nebelbilder sah, und daß ihm auch die kommende Generation nur als das „Gespenst eines längst überwundenen Standpunktes" erschien. Hätte er umgekehrt mehr der Vergangenheit den Rücken gezeigt, sein geistiges Auge aber ganz und voll der Zukunft zugewandt, dann würde ihm das, was er verurtheilen zu müssen glaubte, viel realer und zugleich sympathischer erschienen sein; dann würde es ihm sicherlich auch, je schärfer und unparteiischer er dabei die Gegenwart in's Auge gefaßt hätte, desto eher möglich gewesen sein, frohen Glauben zu gewinnen an eine große Zukunft unserer Nationalität.

Das, was Herr Dr. Kapp bekämpfte, war nicht das Wesen, nicht das Streben der jüngeren Generation, sondern würde nur das Wesen eines ähnlichen Strebens sein, wenn die ältere Generation sich mit einem solchen befassen wollte, — eine contradictio in adjecto, ein „Anachronismus", wie ihm gerne zugegeben werden mag. Alle Mängel und Schwächen solcher Bestrebungen, wie er sie schilderte, trafen lediglich das Wesen seiner eigenen Generation; sein politischer Pessimismus, seine nationale Resignation waren ein treffender Ausdruck der vorherrschenden Stimmung jenes älteren geistigen Geschlechts, zu dem er sprach. Der Gedanke, daß doch möglicher Weise die Söhne dereinst erreichen könnten, was die Väter als vergebliches Bemühen erachteten, daß sie „die innere Unabhängigkeit, die persönliche Schneide, sachliche Umsicht und Einsicht wieder gewinnen," *) und daß sie wirklich einmal initiative Kraft national-politischer Leistungsfähigkeit beweisen könnten, dieser Gedanke blieb allerdings nicht ganz von dem Gesichtskreise seiner Darstellung ausgeschlossen; aber fast unmittelbar entschwand derselbe wieder seinen scheinbar kraftlos gewordenen Händen, gerade so wie das Bild der Zukunft sich im Geiste eines Greises unter den gemischten Eindrücken des Zweifelns und der Wehmuth sehr bald wieder verflüchtigt. — Aber hat nicht doch die Gegenwart verwirklicht, was noch vor zwei Jahrzehnten nur als idealer Traum einer nebelhaften Zukunft erschien? Warum sollten wir denn nicht dereinst ein jetzt sehr viel näher liegendes Ziel erreichen, selbst wenn auch (was nicht einmal der Fall ist) die dazu erforderlichen Kräfte annähernd

*) Vergl. den „Bericht über die Verhandlungen des 19. Congresses deutscher Volkswirthe" von M. Broemel (Berlin 1880, Leonhard Simion) pag. 129.

so schwach, so unpraktisch und so widerhaarig wären, wie sich die vielköpfigen Elemente des früheren naiven Einheitsstrebens unserer Nation thatsächlich gezeigt haben?! Es ist ja freilich keine ungewöhnliche Erscheinung, daß die Väter ihren Söhnen wenig zutrauen, und es ist ja überdies immer möglich, daß die Väter mit ihren Zweifeln Recht haben und behalten; aber die Söhne müssen wenigstens das Recht für sich beanspruchen dürfen, einmal ihr Heil zu versuchen, ihre Kraft zu erproben, zu beweisen, daß sie keine Nullen sind, und zu wollen, daß sie nicht umsonst gelebt haben. Nur ein wenig Geduld! Man gebe doch der kommenden Generation nur einen kleinen Theil der langen Zeit, welche die ältere Generation hatte, um sich zu entwickeln. Unsere jetzigen Verhältnisse, und mit ihnen unser kommendes Geschlecht, haben sich bisher mit nie dagewesener intensivster Schnelligkeit entfaltet; aber haben doch die vergangenen Generationen unserm Volke die Welt während dreier Jahrhunderte entreißen und entfremden lassen: wer kann und wird denn heute rationeller Weise fordern, daß uns nun diese Welt in einem Jahrzehnte wiedergewonnen werden solle?!

Werth hat jedoch die Darstellung des Herrn Dr. Kapp trotz der Einseitigkeit ihrer Gesichtspunkte, weil es auch für die Zukunft von Vortheil bleibt, sich die Fehler und Schwächen der Vergangenheit stets wieder zu vergegenwärtigen, und sich Rechenschaft zu geben nicht nur über Das, was nothwendig, sondern auch über Das, was möglich ist. Wesentlich beeinträchtigt dagegen wird der Werth dieses Referates durch einige formelle Mängel, die sich nur theilweise nachträglich heben lassen. Einige grundlegende Ausdrücke und Bezeichnungen werden gleichlautend von der älteren und von der jüngeren Generation für ganz verschiedene Begriffe gebraucht. Die Klarstellung dieser Grundbegriffe hilft nicht nur die charakteristischen Gegensätze im Wesen der beiden Ideenkreise zu veranschaulichen, sondern führt auch schließlich mehr und mehr zu der Einsicht, daß die den verschiedenen Geistesrichtungen zu Grunde liegenden Wünsche und Bestrebungen nicht immer unvereinbar sind, sich sogar in mancher Hinsicht ergänzen.

Die wichtigsten dieser Begriffe knüpfen sich an die Worte Nationalität, Culturkräfte, extensive Entwicklung und Colonialpolitik.

Das Wort „Nationalität" bezeichnet für die ältere Generation im Wesentlichen einen ethnographischen, für die jüngere vorwiegend einen politischen Begriff. „Deutsche Nationalität" hatte vor 1866, namentlich in den letzten 60 Jahren dieser traurigen Vergangenheit, keine andere Bedeutung als den ideellen Inbegriff des deutschen Wesens, deutscher Sprache, deutscher Sitten, deutscher Kunst und deutscher Wissenschaft. „Deutschland" war ein Begriff der physischen Geographie und „die deutsche Nation" war ein Begriff in der Ethnographie der europäischen Rasse, zur Charakterisirung des deutschen Stammes dienend. Die politische Nationalität dieses deutschen Stammes aber, schlug der Fürst v. Bismarck in seiner treffenden Weise damals vor, dadurch zu charakterisiren, daß man das Gedicht von Heinrich Heine „O Bund, Du Hund!" zum deutschen Nationalliede erhöbe.

Anders liegen die Verhältnisse heutzutage. Wie es auch Herr Dr. Kapp in starker Weise zum Ausdruck brachte, hat sich die idealistische Begeisterung unseres Volkes für seine ethnographischen Eigenthümlichkeiten sehr gemäßigt; unsere Anschauungen sind etwas praktischer, etwas nüchterner, etwas objectiver geworden; wir würden uns freuen, wenn wir eine ganze Menge Schwächen und Mängel dieser ethnographischen Nationalität loswerden könnten. Dagegen aber haben wir jetzt das Selbstgefühl einer politischen Nationalität gewonnen, und zwar mit einer so reißenden Schnelligkeit und in solcher Stärke, daß es den Nationalstolz unserer jüngeren Generation schon heute nur noch wie eine Gänsehaut überläuft, wenn sie von jener Heine'schen Blasphemie gegen das damalige oberste und einzige Organ unserer politischen Nationalität hört.

Diese Verschiedenheit der Anschauungen kommt im vorliegenden Falle mehrfach zur Geltung. Wenn z. B. von „dem Deutschen im Auslande" die Rede ist, so denkt Herr Dr. Kapp dabei an diejenigen Landsleute, welche er im Auslande zu beobachten und kennen zu lernen in besonderem Maße Gelegenheit hatte. Der Ausdruck bedeutet für ihn höchstens den Inbegriff aller ethnographischen Eigenthümlichkeiten des specifisch deutschen Wesens; für die jüngere Generation aber bezeichnet er eben speciell den Deutschen als Angehörigen und Vertreter unserer politischen Nationalität. Hierdurch werden Mißverständnisse über die nothwendigsten Grundlagen des Einverständnisses veranlaßt, und Streit über die unbestreitbarsten Thatsachen wird in Permanenz erhalten. So über die Frage, ob der Deutsche im Auslande geachtet ist oder nicht?

Er ist es unstreitig und unbestritten im Sinne der älteren Generation*), aber er ist es nicht im Sinne des kommenden Ge-

*) Vergl. hierzu Dr. Kapps Referat in den „Verhandl. des 19. Congresses" pag. 134 und das Zugeständniß dieser Auffassung durch Herrn Dr. Avé-Lallement auf dem handelsgeographischen Congresse; vergl. den „Bericht über die Verhandlungen des 1. Congresses für Handelsgeographie und Förderung deutscher Interessen im

schlechts. Er ist geachtet, aber nicht seine politische **Nationalität**. Die einzelnen Deutschen sind im Auslande meist sehr gern gesehen wegen ihres Fleißes, ihrer Sparsamkeit, ihrer Intelligenz, Arbeitsfähigkeit, Liebenswürdigkeit und was desgleichen mehr, so lange sie sich nämlich politisch in bescheidener und völlig anspruchsloser Stellung halten, oder gar politisch ganz zur Nationalität des fremden Landes übertreten. Wo immer aber (nicht entnationalisirte) **Deutsche** im Auslande geehrt werden, haben sie dies bisher nur ihrer Persönlichkeit, nicht ihrer Nationalität zu danken; sie sind **nicht als Deutsche** geachtet, sondern als liebenswürdige und tüchtige **Menschen**. Ueber den kleinen Uebelstand, daß sie **nur** Deutsche, nicht aber Britten oder Amerikaner sind, sehen diese Nationen meist in herablassender Weise hinweg. Fast überall, wohin der Deutsche in der weiten Welt kommt, sieht er seine **Nationalität** hinter derjenigen anderer Völker zurückstehen. Fast überall innerhalb des englisch denkenden und redenden Weltverkehrs genießt die deutsche Nationalität im vollen Maße jenes zweideutige „Recht des Schwächeren," welches der angelsächsische Gentleman jedem unbedeutenden Nebenbuhler großmüthig zugesteht, und zwar um so mehr, je weniger solcher „fremde Gastfreund" sich mit ihm messen kann. Für seines Gleichen gilt dem Angelsachsen nur sein eigner Stamm. Britten und Amerikaner allein sind auch deshalb im Stande, einander gegenseitig mit gleicher Intensität zu bewundern

---

Auslande" im Selbstverlag des Central-Vereins für Handelsgeographie 2c., Landgrafenstraße 10, Berlin W. 1880, pag. 15.

Ungewöhnlich gehäuft erscheinen die Irrthümer bei Herrn F. C. **Philippson** (dem Correferenten des Herrn Dr. Kapp) in seiner Schrift „Ueber Colonisation" pag. 66: „Der deutsche Kaufmann ist nicht, wie man uns gern glauben machen möchte, der Paria unter den Fremden, ebenso wenig wie der deutsche Auswanderer. Die Stellung der Deutschen in den Colonien ist eine ehrenvolle und die Bezeichnung „Völkerdünger" ist eine jener sinnlosen Phrasen, die auf Effect berechnet, nur der Unwissenheit imponiren können". — Niemand hat behauptet, daß unsere Kaufleute oder Auswanderer als solche die Parias in den Ländern ihrer neuen Heimath seien, im Gegentheil, sie sind oft sehr stark gesuchte Kräfte, und eben weil durch ihre Culturkraft die anderen Nationen gedeihen, gerade deshalb werden sie mit dem Namen „Völkerdünger" bezeichnet. Das Wort ist ein Ehrenname für unser Volk, aber es ist ein arger und bisher sehr berechtigter Schimpf für unsere Nationalität. Daß unser Volk der **Weltdünger** war, ist sein Ruhm, daß aber unsere Nationalität bisher eine so erbärmliche Rolle in der Welt gespielt hat, daß sich unser Volk nur als **Weltdünger** verwenden ließ, das ist unsere Schande; und diese Schande mag auf der älteren Generation sitzen bleiben. Das jüngere Geschlecht kann und will solche Schande nicht länger ertragen — trotz Herrn F. C. Philippson und seiner Gesinnungsgenossen!

oder zu hassen. Und ist dieses krasse Selbstgefühl, dieser übermüthige Stammesstolz der Angelsachsen etwa unberechtigt?! Hängt nicht von der Existenz des brittischen Reiches heutzutage die ruhige Entwicklung der Civilisation aller Welttheile und ihrer Menschenraßen ab; und ist nicht eine gleiche oder gar noch höhere Bedeutung der Vereinigten Staaten für die Fortentwicklung der civilisirten Welt schon jetzt vorauszusehen?! Würde das Vereinigte Königreich Großbritanniens und seine überseeische Macht jetzt zerfallen, so würde dadurch die Ruhe und Ordnung in allen Theilen der Welt gestört werden; zerfiele dagegen das deutsche Reich, und ginge damit unsere junge Nationalität wieder zu Grunde, so würden heutzutage dadurch andere Völker kaum irgendwie benachtheiligt werden.

Das Gefühl dieser unserer nationalen Winzigkeit ist unserem jüngeren Geschlechte peinlich, während das Bewußtsein desselben die normale Lebenssphäre unserer älteren Generation ist. Dies bestätigen auch durchweg die von Herrn Dr. Kapp dargestellten Anschauungen von der culturpolitischen Bedeutung unserer Nation. So meint er unter anderm: „Uns mangelt die frische Thatkraft des sofortigen Entschlusses, die unverwüstliche Initiative einer großartigen Weltanschauung. Wir haben so viele private Tugenden und so wenig öffentliche. Wir sind viel zu sehr Privatmenschen. — Wir haben in Deutschland bekanntlich blos einen Staatsmann." Und weiter, wo er die Zweifel seiner Gesinnungsgenossen an den Vortheilen, welche unsere Nationalität uns gewähren könnte, und an der Leistungsfähigkeit unserer Reichsregierung darstellt: „Sogar die große Cunard-Line in England ließ sich subventioniren. Unsere deutschen Kaufleute aber haben bewiesen, daß sie am liebsten von der deutschen Regierung in Ruhe gelassen sein wollen. Wenn letztere ihnen eine Gunst anbietet, so antworten sie ihr einfach, wie Diogenes dem Alexander: Lieber Freund, gehe mir etwas aus der Sonne!" *)

*) Vergl. Dr. Kapps Referat, l. c. pag. 129 und 135. Wenn ich übrigens eine so sehr geringe Meinung von der jungen deutschen Nation hätte, daß ich ihren Charakter nach solchen Schwächen beurtheilen zu müssen glaubte, so würde ich mich meiner unwürdigen nationalen Geburt lieber in die Erde hinein schämen, als solches culturschwache Nationalgebilde noch obendrein dem schallenden Gelächter einer öffentlichen Versammlung preisgeben, wie dies Herr Dr. Kapp auf jenem Congresse that, und was auch schon von Herrn Gen.-Secretair Annecke in derselben Sitzung (pag. 144) treffend gerügt wurde. Erklärlich, wenn nicht gerechtfertigt, erscheint solches Vorgehen höchstens dadurch, daß der ganze Morgen jenes Tages (des 22. Octobers) mit einer sehr lang ausgesponnenen Verhandlung über „die Versorgung Europas mit Brod" ausgefüllt war, und daß diese Discussion offenbar die Geister des Congresses nach einer Versorgung mit etwas humoristischerer Kost sehr bedürftig gemacht hatte.

Der Nationalitätsbegriff dieses älteren Geschlechts ist mit einem Volke von „Privatmenschen" leidlich vereinbar, nach den Begriffen der jüngeren Generation aber stellen solche „Privatmenschen", von denen jeder nur für sich selbst und Gott allein für Alle sorgt, niemals eine „Nationalität" dar. Eine Nation ist nur ein solches Volk, in welchem der gebildete Erwachsene an allen Leiden und Freuden des politischen Lebens der Gesammtheit Theil nimmt, alle ihre Sorgen und Mühen wie seine eigenen trägt, all ihr Wünschen und Hoffen in sich selbst empfindet, all ihre Leistungen im Innern wie nach außen als seine eigenen betrachtet und sein Selbstbewußtsein durch die Errungenschaften seiner Nationalität gehoben fühlt, aber auch zugleich für alles Thun und Lassen seiner Nation, für ihre Gegenwart wie für ihre Zukunft sich selbst verantwortlich hält. Das sich jetzt in unserm kommenden Geschlechte bildende Nationalgefühl, dieses sich nach außen richtende Bewußtsein einer bedeutungsvollen Existenz der eigenen Nationalität, ist nur das Gegenstück und die organische Vollendung des von unserer älteren Generation in allen inneren Fragen bei uns ausgebildeten Gemeinsinns, eben jenes selben Gefühls der Zusammengehörigkeit und der Mitverantwortlichkeit des Einen für den Anderen. Der Blick nach außen und das Bedürfniß auch innerhalb des großen Ganzen der civilisirten Welt als das kleinere Ganze einer Nation seine Stellung zu nehmen, fehlt und fehlte sogar schon 1848 wohl auch unserer älteren Generation nicht ganz. Zur Befriedigung dieses Bedürfnisses jedoch war und ist ihr abstracter Begriff unserer ethnographischen Nationalität natürlich werthlos, die reale Existenz unserer politischen Nationalität aber erscheint ihnen bisher immer noch viel zu jung, zu schwach und Manchem auch wohl zu zweifelhaft. So erklärt es sich, daß noch heute wie vor zwei bis drei Jahrzehnten das Wort „international" ihrem Bedürfnisse der Erlösung aus der Trostlosigkeit solcher nichtsigen Nationalexistenz dienen kann.

Absurd ist ja der diesem Streben nach Entnationalisirung zu Grunde liegende Kosmopolitismus an und für sich nicht. Die Menschheit ist in beständiger Umgestaltung begriffen; ein Stillestehn und ausruhendes Erhaltenbleiben giebt es für kein Volk; auch für die Nationalitäten ist Leben nur weitere Ausbildung; mangelnde Fortentwicklung ist Verfall, der zum Untergange des Volkstypus führt. Der Entwicklungsgang der Civilisation strebt unverkennbar danach, das gesammte Menschengeschlecht dereinst zu einem Ganzen solidarisch zu verbinden mit einem vorherrschenden Grundtypus, dem gegenüber die jetzt Gleichberechtigung beanspruchenden Nationalitäten nur als untergeordnete Abarten erscheinen werden. Auch heute schon erscheint dem Weiterblickenden der sich in aller Welt selbstbewußt geltend machende Typus des englisch denkenden und redenden Menschen als der Anfang und Kern solches zukünftigen Grundtypus. International ist auch bis zum gewissen Grade schon heute thatsächlich die „angelsächsische" Weltwirthschaft dieses englischen Stammes. Gelingt es uns nicht unsern eigenen Typus, unsern deutschen Geist, unsre deutsche Sprache, unser deutsches Wesen, unsre deutsche Cultur,Kunst und wissenschaftliches Denken neben jenem „angelsächsischen" Typus jetzt zur Geltung zu bringen, so ist allerdings zu vermuthen, daß wir, wie viele andre Völkertypen auch, dereinst von dem englischen Stamme in einer gesammt-menschheitlichen Weltwirthschaft werden spurlos absorbirt werden. Löste sich nicht einst in ähnlicher Weise das alte Griechenland in das große Ganze der römischen Welt auf? Aehnliche Schwächen und Gebrechen, wie diejenigen, an welchen die alt-hellenische Nationalität zu Grunde ging, haben seit langer Zeit auch an unserem Volksleben genagt. Jener Volkstypus, in welchem der Geist des Alterthums seine höchste Reife und Vollendung erlangte, wurde zum „Völkerdünger" der alten Welt; die herrlichste Geistesblüte antiker Cultur welkte dahin, und jene ideale Wirklichkeit ward mehr und mehr der realen Welt entrückt; das alte Hellas ist für immer von der Erde verschwunden! Warum sollte nicht im kommenden Jahrhundert ein ähnlicher Proceß in etwas größerem Maßstabe vor sich gehen können, und zwar viel eher noch durch innere Ursachen, wirthschaftliche Misere, schlechte Culturpolitik, Revolutionen und Bürgerkriege, als gerade durch fremde Waffengewalt von außen?! Hat sich nicht auf gleiche Weise erst in diesem Jahrhundert der einst echt germanische Stamm Flanderns von seiner eigenen Nationalität getrennt, und ist lediglich durch das culturelle Uebergewicht des benachbarten Frankreichs ein französirtes Belgien geworden?! Sollte uns denn ein anderes Loos zu Theil werden, wenn wir uns nicht dem englischen Stamme mehr gewachsen zeigen, als einst der hellenische Typus dem römischen, oder als jetzt der flamländische dem französischen?!

Das ist die Eventualität, welche unserer älteren Generation mehr oder weniger bewußt vor Augen schwebt. Diese alternden „Patrioten" lieben zwar ihr Vaterland auch noch in seiner neuesten politischen Gestalt des deutschen Reiches, aber sie lieben es ungefähr so wie ein Enkel das Erbtheil seiner Väter ehrt, welches er mit Aufbietung aller seiner Mittel und Kräfte restaurirt hat. Er ist stolz auf seine eigene

Existenz, indem er dieselbe von einer langen Reihe großer „Ahnen“ herleitet, und indem er über die theilweise etwas blamable Rolle, welche einige dieser Vorfahren zeitweilig gespielt haben, mit ungenirtem Idealismus hinwegsieht. Sich selbst aber hält er für den letzten großen Sprößling dieses edlen Stammes; er glaubt nicht an die Thatkraft seiner Söhne, nicht an die Zukunft seiner Enkel. In seiner innersten Seele nagt unaufhörlich der Zweifel, ob seine Kindeskinder dieses künstlich errichtete Haus noch besitzen werden, ob sie das in seiner wirthschaftlichen Existenz verkümmerte Erbe sich noch werden wieder ganz und neu zu eigen machen können.

Der einzige Trost, mit welchem dabei diese resignirenden „Patrioten“ sich einigermaßen beruhigen, ist der Gedanke, daß unsere Nationalität ja doch wohl noch an hundert Jahre so wie jetzt fortbestehen könne, und dann daß anders geartete Enkel in unserm Vaterlande wohnen werden, denen es weniger Herzeleid als uns machen wird, von jenem großen Wirthschaftsgetriebe der englisch redenden Welt aufgesogen zu werden. Auch wird ja diese Weltwirthschaft jedenfalls wie bisher durch die Aufnahme deutscher Culturelemente nur gewinnen, und — „schließlich werden ja auch unsere Enkel nicht dabei verlieren!“ *)

Natürlich glauben diese „Patrioten“ selbst nicht recht an solche Gleichgültigkeit und Bedeutungslosigkeit einer eigenen, selbstständigen Nationalität unseres Volkes. Denn es liegt doch auf der Hand, daß wir oder vielmehr „unsere Enkel“ durch eine Erhebung ihrer Nationalität zu gleich hoher cultureller Bedeutung wie die des englischen Stammes wesentlich mehr gewinnen würden als durch ihre Anglisirung! Wenn sie dann auch ganz mit Leib und Seele englisch sein wollten, wird man sie wohl voll als Engländer oder „Angelsachsen“ anerkennen? Wird man nicht, gerade so wie man heute unter den Britten sehr weit und scharf den Irishman von dem Englishman unterscheidet, alsdann auch den anglisirten Deutschen nur als einen Angelsachsen zweiten oder

*) Ich verweise hier nur beispielsweise auf die Zeitschrift „Im neuen Reich“ Januar 1880 pag. 867: „Sollen wir in England und Amerika aufgehen, nun, es wird sich dann auch so leben lassen.“ — Ganz so unverholen findet sich diese Stimmung in der deutschen Presse allerdings nur seltener ausgesprochen. Aber wer auch nicht gerade sehr oft Gelegenheit hatte, den unumwundenen Ausdruck solcher Gedanken persönlich zu belauschen, der wird immerhin im Stande sein, aus Thatsachen und aus dem Verhalten mancher tonangebenden Kreise unseres deutschen Volkes auf diese mehr oder weniger bewußte Anschauungsweise unserer Verhältnisse zu schließen. Sie ist die einzige zureichende Erklärung vieler sonst unbegreiflichen Erscheinungen in deutschen Landen.

dritten Ranges betrachten, und wird der Weltverkehr nicht demgemäß auch unsere Industrie und unsere Cultur immer noch annähernd so stiefmütterlich behandeln wie heute?! — Wenn aber auch diese Sachlage wohl den meisten Volkswirthen unserer älteren Generation klar sein wird: kann man den Schaden nicht ändern, so gilt es eben sich bestmöglichst über denselben zu trösten.

Dies resignirte Sichzufriedengeben bei solcher vermeintlichen Unabänderlichkeit, dies pessimistische Verzweifeln an der Gleichwerthigkeit unserer eigenen Nationalität mit dem angelsächsischen Typus, diese Stimmung ist für die Männer unserer älteren Generation naturgemäß. Sie sind durch Geschick und Gewohnheit gleichsam zu politischen Buddhisten geworden, als deren höchste culturelle Aufgabe es erscheint, ihren individuellen Typus möglichst schnell und vollständig in das Nirvana der „Internationalität" verschwinden zu lassen. Unser jüngeres Geschlecht aber will nichts wissen von solchem politischem Pessimismus, von solcher nationalen Resignation. Es sind Männer der entschlossenen That, nicht angekränkelt von so kraftloser Gedankenblässe; sie sind Deutsche, sind nicht zufrieden damit, Deutsche gewesen zu sein, und streben nicht darnach, sich und ihre Nachkommen „internationale Privatmenschen" werden zu lassen; sie wollen jetzt ganz und voll Deutsche sein und wollen zukünftig erst recht Deutsche werden und bleiben.

Aehnlich diesen Unterschieden der bei dem Worte „Nationalität" gedachten Begriffe ist ferner die verschiedene Vorstellung von den Kräften, welche in der Cultur-Entwicklung der Menschheit wirken. Als solche menschlichen „Culturkräfte" erkennt die ältere Generation nur das Wissen und Können an. Außer diesen Culturelementen giebt es für sie in der Welt nur noch Naturkräfte, mit welchen diese Culturkräfte ringen, und Naturgesetze, denen sie sich willenlos unterwerfen müssen. Die jüngere Generation dagegen kennt und fühlt in sich noch eine andere Culturkraft, das Wollen. Diese Qualität des Menschengeistes war dem älteren Geschlechte durch theoretisches Grübeln abhanden gekommen und auch praktisch durch den Druck äußerer Verhältnisse erstickt worden; sogar im politischen Leben unserer inneren nationalen Entwicklung zeigte sich zuletzt der lähmende Einfluß dieser Willensschwäche. Die kommende Generation aber ist nicht mehr das zerfahrene, schwachwillige Volk des deutschen Bundes; riesenhaft regt sich vielmehr jetzt im verjüngten Deutschland jener Titanensinn, dessen Willensfähigkeit nicht hinter seinem Wissen und Können zurückbleibt, dessen gährender Thatendrang sogar vermuthen läßt, daß er weit mehr will, als er gegenwärtig weiß und als er jetzt schon kann.

Dieser Unterschied des Charakters der beiden Generationen prägt sich auch in ihren verschiedenen Vorstellungeu von der Leistungsfähigkeit unserer Nationalität aus. Beispielsweise zeigt die übertriebene Furcht unserer älteren Generation vor Englands Eifersucht*), wie sehr die Willenskraft unseres Volkes erkrankt und geschwächt war. Dieses nebelgraue Gespenst scheint fast allen frischen Muth unserer nationalen Lebensäußerungen zu erdrücken bis zu einem Grade, der dem jüngeren Geschlechte völlig unverständlich ist. Diese kommende Generation dagegen ähnelt mehr dem „Angelsachsen" selbst, der stets fühlt und weiß, daß where's a will, there is a way**).

Ist aber das Wollen dieser Generation ein stärkeres und weiter gehendes, so wird man darum doch nicht behaupten können, daß sie der älteren Generation an Wissen und Können nachstehe. Im Gegentheil, auch in der Erweiterung des geistigen Horizontes und in der breiteren Fundirung der zur Wirksamkeit zu bringenden Kräfte strebt sie weit über das bisher Errungene hinaus. Ihr weiterer Ueberblick über die extensive Entwicklung europäischer Cultur in überseeischen Ländern hat zugleich ihren Bestrebungen einen neuen, eigenartigen Charakter gegeben. Auch Herr Dr. Kapp glaubte seine Erörterung deutscher Colonialpolitik damit abthun zu können, daß er von der Mannigfaltigkeit der staatlichen Culturformen, welche die europäische Raße in den außereuropäischen Theilen der Welt bisher ausgebildet hat, nur zwei oder drei hervorhob und noch dazu die allerzahlreichste und am häufigsten geglückte Gestaltung der Handels- und Pflanzungs-Niederlassungen, die sog. „Handels-Colonien", einfach mit der Bemerkung abfertigte (pag. 134): „Ueber Handels-Colonien bedarf es meinerseits keiner Ausführungen mehr, seitdem die Samoa-Debatte im letzten Reichstage diese Frage auch dem unschuldigsten Leser klar gemacht." Die Samoa-Debatte?? — Ja allerdings, die hat dem deutschen Volke hoffentlich etwas klar gemacht, nämlich seine eigene Unklarheit, aber wahrlich nicht den Unwerth von Handels-Colonien. Uebrigens ist Herr Dr. Kapp — zu seiner Ehre sei's gesagt — selbst

*) Ebenso auch Dr. Kapp, vergl. die „Verhandlungen des 19. Congresses" pag. 129 f. — Im Nachfolgenden citire ich der Kürze wegen diese Publication nur durch Einklammerung der Seitenzahlen im Texte.

**) Ein in der ganzen englisch redenden Welt sehr viel angewandtes Sprüchwort: „Wo nur der rechte Wille vorhanden ist, da finden sich stets Mittel und Wege".

außerhalb des Begriffskreises seiner „unschuldigsten Leser der Samoa-Debatte" stehen geblieben, denn auch er konnte nicht umhin, in eben diesem Referate kurz vorher (pag. 124) selbst anzuerkennen: „Seine wichtigsten Besitzungen verdankt England den Handelsgesellschaften des Mutterlandes". Und er hätte ganz dasselbe mit gleichem, wenn nicht größerem Rechte ebenfalls von den beiden andern Colonialnationen, Niederland und Frankreich, sagen können.

Betrachten wir die Gesammtheit der civilisirten überseeischen Staatsgebilde, so erscheint es zunächst nothwendig festzustellen, welcher Begriff speciell mit dem Worte „Colonie" bezeichnet werden soll. Es wird wünschenswerth sein, sich dabei dem bisher in der englischen Welt anerkannten Sprachgebrauche anzuschließen. Danach ist eine Colonie nur ein solches auswärtiges Machtgebiet einer Nation, nach welchem hin dieselbe nicht nur Theile ihres Capitals und ihrer Intelligenz überträgt, sondern dort vor allem auch ihre eigene Nationalität als heimische Bevölkerung ansiedelt. Solche Gebiete sind also homophyl (gleichraßig) mit dem Stammlande. Diese eigentlichen Colonien werden auch wohl „Ackerbau-Colonien" genannt, doch soll damit nicht bezeichnet werden, daß dort keine Viehzucht, keine Industrie und kein Handel getrieben werden können oder sollen; Ackerbau ist in diesem Falle nur im Gegensatz zum Plantagenbau als das charakteristische Moment hervorgehoben, weil man unter Ackerbau speciell den Anbau derjenigen Brodfrüchte versteht, welche der europäischen Rasse gewohnheitsgemäß zu ihrer Ernährung unerläßlich geworden sind. Solchen Gebieten stehen diejenigen überseeischen Länder gegenüber, welche, wie z. B. Indien und Java, von Bevölkerungen fremder Raßen bewohnt sind, und mit deren Besitznahme die betreffende europäische Nation die Aufgabe übernimmt, diese fremden Völker und ihre Länder durch europäische Intelligenz und europäisches Capital zu civilisiren. Diese Länder gehören meist den Tropen an und sind schon deshalb zu dauernden Wohnsitzen der europäischen Raße nicht geeignet; sie stehen allophyl (fremdraßig) zu ihren europäischen Stammländern. Zum Unterschiede von „Colonien" kann man ein solches Gebiet als eine „Cultivation" bezeichnen, da dieses Wort allgemeinhin einen „Culturproceß" oder eine „Cultur-Entwicklung" bedeutet, und zwar, ebenso wie das Wort „Cultur" selbst, im materiellen Sinne sogut wie im ideellen gebraucht werden kann. Die „Cultivation eines Tropenlandes" heißt daher im culturwissenschaftlichen Sinne nicht etwa blos die Bebauung des Grund- und -Bodens, sondern zugleich die Cultur-Erziehung der dort lebenden uncivilisirten Völker.

Nach Klarstelluug dieses Unterschiedes wird folgende Uebersicht allgemein verständlich sein:

Verschiedene Arten
überseeischer Gebiete der europäischen Raße
mit typischen Beispielen:

A. **Stationen.**

1. **Marinedepôts** und **Militärposten; Strafcolonien** (abhängig): St. Helena, Gibraltar, Malta, Aden, Perim, Gabon; Cayenne.

B. **Colonien** (homophyl).

2. **Dependenzen** (abhängig): Neu-Fundland, Algerien, Neu-Caledonien.
3. **Conföderirte Colonien** (selbstständig): Canada, Australien, (Capland).

C. **Cultivationen** (allophyl).

4. **Handels- und Pflanzungs-Niederlassungen** (abhängig): Westindien, Guiana, Senegambien, Britt. Westafrika, Loanda, Mauritius, Reünion, Singapore, Hongkong, Fidji, Samoa. *)
5. **Cultur-Domänen**: a. abhängige: Ceylon, Java, Philippinen.
b. selbstständige: Brittisch-Indien.

D. **Nationen.**

6. **Unabhängige Staaten**: a. homöogene: Vereinigte Staaten, Argentina.
b. heterogene: Brasilien, Venezuela, Mexico, Central-Amerika, Columbien, Ecuador, Peru.

Wenn es gilt der deutschen Nationalität irgend eine dieser Formen extensiver Cultur-Entwicklung zu versagen, oder ihr einige dieser Gestaltungen speciell als das zukünftige Gebiet ihrer culturellen Leistungen zu vindiciren, so sind dafür in jedem einzelnen Falle so eingehende und individuelle Gründe beizubringen, wie Herr Dr. Kapp dies ausschließlich mit Rücksicht auf die zweite Art colonialer Staatsformen der „Dependenzen“ versucht hat.

---

*) Man kann Samoa gegenwärtig eine deutsche Handels-Niederlassung nennen, obwohl es noch nicht von uns annectirt ist. Das politische Band der Nationalität ist an und für sich nicht das wesentliche, sondern vielmehr der Cultureinfluß und die wirthschaftliche Herrschaft der Nationalität. Bisher haben die culturellen Leistungen unseres Volkes sich dort wie nur an wenigen anderen Orten der Welt deutsch erhalten können. Lange freilich kann dieses so nicht mehr fortdauern. Entweder die Inselgruppe wird eine deutsche Besitzung, oder sie wird in sehr kurzer Zeit englisch, vielleicht auch amerikanisch werden. Damit würde dann der jetzige Einfluß deutscher Cultur und deutscher Volkswirthschaft dort zu Grunde gehen — ein Erfolg, auf den, nach der letzten Samoa-Debatte zu urtheilen, unsere alternden Kosmopoliten offenbar sehr stolz sein würden!

Wichtiger noch als die Weite des Umfangs ist wohl das Wesen der extensiven Entwicklung, nach welcher unser jüngeres Geschlecht strebt; auch hiervon machte sich Herr Dr. Kapp, den Anschauungen der älteren Generation gemäß, eine durchaus unrichtige Vorstellung. Obwohl dieses ältere Geschlecht für die innere Entwicklung unseres Volkes mit einigem Erfolg danach gestrebt hat, den Schwerpunkt derselben von den Interessen der physischen (polizeilichen und militärischen) Macht auf die culturellen Interessen der Nation hinüberzuwälzen, so liegt ihr doch der Gedanke an die gleiche Möglichkeit auf dem Gebiete der äußeren Entwicklung noch völlig fern. Ueberseeische Macht und überseeische Leistungen erscheinen ihr immer noch ziemlich gleichbedeutend mit Seemacht und mit Leistungen der Kriegsmarine. Für unsere jüngere Generation dagegen ist extensive Entwicklung kaum überhaupt noch eine Machtfrage; es handelt sich dabei für sie fast ausschließlich um Culturfragen und um die Wirksamkeit von Culturkräften.

Jeder Nationalität ist allerdings eine äußere Machtform unentbehrlich, welche sie repräsentirt und ihr als Mittel des Schutzes im Auslande sowie daheim dient; unser Heer aber und vor allem unsere Flotte sind unserm jüngeren Geschlechte auch für die extensive Entwicklung unserer Nation nur die nothwendigen Formen unserer nationalen Selbstständigkeit, — an und für sich leere Gestaltungen, welche allen Werth und zuletzt auch allen Halt verlieren müssen, wenn sie nicht ihrem ganzen Umfange nach auf einer haltbaren Culturbasis stehen nnd mit culturellem Gehalte ausgefüllt sind.

Anschließend an die verschiedenen Auffassungen von extensiver Entwicklung der Nationalität, ist auch der Inhalt des Begriffes „Colonialpolitik" ein ganz anderer bei der älteren als bei der jüngeren Generation. In fast allen anti-colonisatorischen Argumentationen bis auf diesen Tag begegnet man einer grundverwirrenden Begriffsverwechslung und auch in dem Kapp'schen Referate blickt dieselbe stellenweis durch; ich meine die Verwechslung der Begriffe „Colonialsystem" und „Colonialpolitik". In früheren Zeiten, im vorigen Jahrhundert und noch im Anfange des gegenwärtigen, deckten sich allerdings diese Begriffe thatsächlich; sie haben aber theoretisch so wenig mit einander zu thun, daß sie jetzt nahezu Gegensätze geworden sind. Durch diese Verwechslung allein erklärt sich die sonst ganz unbegreifliche, und doch so oft in Deutschland ausgesprochene Behauptung, die Weltmächte strebten gegenwärtig danach ihre Colonialpolitik aufzugeben, und es sei deshalb ein Anachronismus für

Deutschland, jetzt mit Colonialpolitik zu beginnen. Man sollte überhaupt eine so divergente Parallele wie diese nicht durchgehen lassen; da unsere politische Nationalität erst 10 bis 15 Jahre zählt, die Britten, Franzosen, Niederländer und andere Nationen aber schon viele Jahrhunderte alt sind, so würde man daraus (soweit andere Nationen irgend für uns maßgebend sein können) viel eher folgern dürfen, daß wir die Politik ihrer Vergangenheit, nicht aber ihre gegenwärtigen Maßregeln nachahmen müßten. Abgesehen jedoch hiervon weiß ja Jedermann, daß es keiner der Weltmächte einfällt ihre Colonialpolitik aufzugeben, sondern daß der Wettstreit um die größere und allgemeinere Entwicklung derselben jetzt schärfer als je entbrannt ist. Das hier vorliegende Mißverständniß ist klar; was die Colonialmächte aufgegeben haben oder aufzugeben bestrebt sind, ist das sogenannte „Colonialsystem", eine Anwendung des Princips der Bevormundung auf überseeische Länder, und zwar im Wesentlichen zum Zwecke der einseitigen Ausbeutung derselben. Seit mehr als 50 Jahren strebt namentlich England danach, seine Colonien so bald als irgend möglich selbstständig zu machen und ihnen eigene Regierungen zu geben, die für ihre Verwaltung dem Coloniallande gegenüber verantwortlich sind, begünstigt zugleich auch die wirthschaftliche Selbstständigkeit solcher Colonien und sucht sich dadurch in aller Welt national-politische Stützpunkte zu schaffen, welche ihm durch Abstammung, Sprache, Sitte, Gesetze, Interessen, Geschmack und Lebensgewohnheiten verwandt, naturgemäß zu Schutz und Trutz dauernd verbunden bleiben werden. Das ist allerdings kein Colonialsystem, wohl aber das letzte befriedigende Endziel aller Colonialpolitik; und solche nationale Colonialpolitik im Sinne einer extensiven Culturpolitik verfolgt die brittische Regierung heutzutage eifriger denn je; sie annectirt und occupirt werthvolle Inseln und Länderstrecken an allen Ecken und Enden der Welt, so letzthin die Fidji-Inseln und einen Theil von Afghanistan, die Walfisch-Bay und Zululand, Cypern und wer weiß, was nächstens sonst noch?! *)

*) Selbst wenn England jetzt die im April 1877 annectirte Transvaal-Republik wieder selbstständig machen sollte, so würde diese Thatsache doch für einen Gegenbeweis nichts austragen. Die Entscheidung in derartigen einzelnen Fällen hängt stets von speciellen Fragen der Opportunität ab, die das allgemeine Princip wohl durchbrechen können, aber darum doch dasselbe nicht aufheben. Ein solcher Fall ereignete sich schon einmal mit dem Oranje-Freistaat, welcher im Februar 1848 von England annectirt, dann im Februar 1854 wieder selbstständig gemacht und von welchem im Anfange der 70ger Jahre abermals ein Theil an den brittischen Diamant-

Alle hier soeben bezeichneten Mängel, Einseitigkeiten und Begriffsverwechselungen unserer älteren Generation sind die eigentliche Grundlage des passiven Widerstandes, den sie allem Streben nach extensiver Culturpolitik unserer Nation entgegensetzt. Es ist aber das höchst dankenswerthe Verdienst des Herrn Dr. Kapp in den Resolutionen seines Referats auch diesen bisher meist nur trübe stagnirenden Anschauungen einen klaren Ausdruck gegeben zu haben, wie folgt:

„Die Colonisation ist angesichts des . . . aus engen nationalen Schranken zu großen internationalen Beziehungen erwachsenen Weltverkehrs . . . und angesichts des nunmehr freien Welthandels ein Anachronismus, in den zu fallen weder augenblickliche Nothstände noch die Interessen der Arbeit nöthigen. Heutzutage bildet die fernere Ausbildung des Systems der Handelsverträge für die Angehörigen der vertragschließenden Staaten das zweckmäßigste Mittel, sich die Vortheile und Wohlthaten zu sichern, welche man in früheren Zeiten durch die Colonisation zu erreichen suchte." *)

Diese nebelgraue Theorie ist gewiß sehr gut gemeint, aber sie erweist sich bei einer statistischen Untersuchung der Thatsachen doch nur als leerer Dunst. Die sogenannte „Internationalität" des Weltverkehrs, die Freiheit des Welthandels und das System der Handelsverträge haben allerdings den Zweck, (negativ) die Nachtheile aufzuheben, welche fremde Colonialpotitik in der Gestalt von Colonialsystemen für die von solchen Systemen ausgeschlossenen Nationen hatten, gewähren diesen Nationen aber noch nicht (positiv) die Vortheile, welche rationell betriebene eigene Colonialpolitik einem jeden culturkräftigen Volke sichert. Wirthschaftliche Vortheile werden überhaupt noch nicht durch Beseitigung hindernder Schranken und Aufhebung störender Zwangsmaßregeln errungen. Diese sichern im günstigsten Falle doch nur die Möglichkeit eines besseren Gedeihens der befreiten

---

felder-District (Westgriqualand) angeschlossen wurde. Uebrigens hat Herr Dr. Fabri sehr recht, wenn er in seiner bekannten Schrift: „Bedarf Deutschland Colonien?" (Gotha 1879, pag. 86) sagt: „England leidet bereits an colonialer Uebersättigung, und hat jedenfalls viel zu wenig ausreichendes Menschenmaterial, um . . . . gegenwärtig seine colonisatorischen Aufgaben lösen zu können.

*) Vergl. die „Verhandlungen des 19. Congresses deutscher Volkswirthe" pag. 110. In dieser Resolution ist — wohl zu bemerken — überhaupt nur ein einziger Vortheil der Colonialpolitik erwähnt worden, die Hebung des Welthandelsbetriebes einer Nation. Ebenso wichtig aber, wenn nicht noch viel wichtiger, sind die übrigen volkswirthschaftlichen, politischen und geistigen „Vortheile und Wohlthaten", welche einer culturkräftigen Nation durch richtig und energisch betriebene Colonialpolitik gesichert werden können. Vergl. hierüber weiter unten, namentlich den IV. Abschnitt.

wirthschaftlichen Kräfte; der Aufschwung selbst aber wird immer nur durch eine Hebung und Mehrung eben dieser zu dem Aufschwunge erforderlichen Culturkräfte erzielt. Handelsverträge nun haben ausgesprochener Maßen keinen anderen Zweck und auch thatsächlich keine andere Wirkung, als durch Befreiung und Erleichterung des Verkehrs die Möglichkeit des wirthschaftlichen Aufschwungs zu beschaffen, können und wollen aber nie einen directen Einfluß auf die zu steigernden und zu stärkenden Culturkräfte der Nationen ausüben. Dieses ist sogar nach der Ansicht unserer älteren Wirthschaftspolitiker garnicht nöthig, ja nicht einmal möglich. Diese nämlich sind krasse Pessimisten nur in allen national-politischen Fragen; in Bezug auf wirthschaftliche Verhältnisse aber sind sie noch heute stets unverbesserliche Optimisten im Stile Bastiats. Sie glauben trotz aller Gegenbeweise, die ihnen jeder helle Tag bringt, immer noch an jene schwärmerische Phantasie einer „selbstthätigen Harmonie aller egoistischen Interessen", — ein schöner Traum, aber leider nur ein Traum! In dieser kindlichen Vorstellung, daß alles in der Welt „von selbst" gehe, daß es zur Erzeugung irgend einer Wirkung nicht auf die richtige Zusammensetzung der Ursachen, sondern nur auf die Ebnung einer freien Bahn für beliebig vorhandene und zufällig zusammengewürfelte Ursachen ankomme, daß nicht Verbesserung der Organisation, sondern vielmehr Desorganisation die Aufgabe und das Endziel unserer Cultur-Entwicklung sei, liegt die Quintessenz aller wirthschaftlichen Uebel und Mängel, an denen die schwachwillige Periode unserer Raße seit der Mitte dieses Jahrhunderts gelitten hat. Eine Concentration der Kräfte sollte überflüssig sein, und vor allem war Hebung der Willenskräfte ein Factor der als über den Bereich des Faßlichen sowie des Möglichen hinausgehend angesehen wurde. Auch der Welthandel wird von diesen Schwärmern nicht als eine organische Function der civilisirten Menschheit aufgefaßt, die in erster Linie von den geistigen Kräften der Völker abhängt, sondern als eine internationale Maschine, in welcher Production nnd Consumtion der Völker selbstthätig und unabhängig von der Willenskraft dieser Völker sich auf- und abspinnt. Der Kaufmann des Welthandels ist in der Vorstellung dieser Leute nicht ein Mensch, vor allem kein einseitiger Mensch, sondern ein ideales Abstractum. Dieser ideale Kaufmann nun „kauft und verkauft stets da, wo es für ihn am vortheilhaftesten ist". Es ist wirklich jammerschade, daß diese famose Theorie nicht Realität, sondern nur ein Hirngespinst, der Studirstube entsprossen, ist! Die Lehre entspricht freilich meist den Absichten jedes Kaufmanns, nicht aber der mehr oder weniger unvollkommenen Ausführung seiner Absichten; er möchte gerne da kaufen und verkaufen, wo es für ihn am vortheilhaftesten wäre, und strebt auch in der Regel danach, diese Orte und Gelegenheiten ausfindig zu machen, soweit seine beschränkten Kräfte es nur irgend erlauben. Jeder echte Welthandels-Kaufmann muß daher etwas von einem Kosmopoliten in sich haben, aber selbst der größte und genialste Großhändler ist doch kein allwissender Gott, kein unfehlbarer Priester des Handels; er ist und bleibt immer nur ein concreter Mensch und aller menschlichen Relativität und Unvollkommenheit unterworfen. Das Höchste, was in der Praxis thatsächlich erreicht wird, ist, daß man da kauft und verkauft, wo man es unter den vortheilhaftesten Chancen möglich findet innerhalb seines individuellen Kreises von Connexionen, die man hat und als hinreichend gut kennt. Alles was darüber hinausliegt, ist nicht nur für den Kaufmann verschlossen, sondern es erfüllt sogar den ruhigen Geschäftsmann zunächst eher mit Argwohn als mit Vertrauensseligkeit.

Das stärkste und weittragendste Band aller solcher wirthschaftlichen Connexionen ist die Gemeinsamkeit des Stammes, der Sprache, der Sitte, der Gewohnheiten, kurz die Nationalität. Aber nicht allein als ein Band, welches den commerciellen Gesichtskreis umgrenzt, beeinflußt die Nationalität den Handelsverkehr der Völker, sondern auch als ein selbstständiges Element ihrer Wahl dessen, was sie kaufen. Nur ein alterndes Geschlecht, wie das unseres früheren deutschen Volkes, hat ein Vorurtheil gegen die Erzeugnisse und Leistungen der eigenen Nation und eine Vorliebe für das, was weit her kommt. Bei den national erzogenen Generationen aller anderen culturkräftigen Völker ist dies gerade umgekehrt. Bei diesen ist das Prestige ihrer eigenen Nationalität meist einen sehr bedeutenden Preisaufschlag werth; es trägt den Absatz der nationalen Production mindestens so weit wie der politische Einfluß der Nationalität reicht und, je nach der Bedeutung dieser Nationalität, auch weit darüber hinaus.

Daß internationale Handelsverträge dieses Band der Nationalität im Welthandelsbetriebe nicht zerreißen, beweist jeder Blick, den wir auf die Statistik der überseeischen Besitzungen europäischer Nationen werfen. In den folgenden Beispielen greife ich drei solcher Besitzungen verschiedener Colonialnationen heraus und stelle ihre Handelsumsätze mit den Wirthschaftsgebieten ihrer eigenen Nationalität den Handelsumsätzen derselben mit allen übrigen Nationen der Welt gegenüber; in allen Fällen zeigt sich ein ganz gewaltiges Uebergewicht der eigenen Nationalitäten trotz aller Handelsverträge. Die Zahlen geben in

Reichsmark die Werthe der Handelsumsätze im jährlichen Durchschnitt der Jahre 1868—77 an:

Handelsverkehr	Brittisch-Indiens	der französischen Besitzungen	Niederländisch-Ostindiens
mit d. nationalen W.	1,786'014,000 M.	310'993,000 M.	466'593,000 M.
mit allen fremden W.	346'503,000 „	193'713,000 „	185'478,000 „
Totalumsätze	2,132'517,000 M.	504,706,000 M.	652,071,000 M.
Uebergewicht der Nationalitäten	**84 %**	**61 %**	**71½ %**

W. ist Abkürzung für Wirthschaftsgebiete.

Gleiche Nationalität ist im Welthandelsbetriebe gleichbedeutend mit der Vorhand im Handel. Wir Deutschen (abgesehen von einigen Privatleuten, denen es geglückt ist, in fremden überseeischen Ländern hervorragenden Einfluß zu gewinnen, ohne dabei ihre deutsche Nationalität aufzugeben), wir Deutschen genießen jetzt die großen Vortheile des überseeischen Handels und Verkehrs nur in zweiter oder dritter Hand und können nicht, wie Herr Dr. Kapp (pag. 137) irrthümlich meinte, „Alles, was wir an colonialen und tropischen Producten brauchen, in europäischen Häfen bequemer und billiger kaufen." Bequemer vielleicht, aber sicherlich nicht billiger! Die Colonialnationen haben in ihren eigenen Gebieten stets bei Weitem die besten Vortheile.

Aber es ist hier noch ein anderer Irrthum aufzuklären, ehe es sich um die positive Begründung der nothwendigen Bestrebungen und um die Abwehr unberechtigter Angriffe gegen dieselben handeln kann.

Sind Welthandel und Weltverkehr wirklich „international" in dem kosmopolitischen Sinne, wie das Wort hier von Herrn Dr. Kapp und auch sonst allgemeiner gebraucht wird? Kann man mit vollem Recht behaupten, daß der Welthandel den „nationalen Schranken" des englischen Stammes entwachsen sei? — Von dem ganzen überseeischen Handel Europas waren im Jahrzehnte 1868-77 allein zwei Drittel, oder genau 66½ Procent ausschließlich in den Händen Großbritanniens. Noch bedeutender aber ist das Uebergewicht des englischen Stammes im gesammten Welthandel und Weltverkehr. *) Im Durchschnitt des-

*) Die Worte „Welthandel" und „Weltverkehr" bezeichnen einen Gegensatz zum Localhandel und Localverkehr in Europa. Die Vermischung des europäischen Localhandels mit den Berechnungen des Welthandels, welche man noch oft findet, ist eine Nachwirkung mittelalterlicher Subjectivität, welche Europa für die „Welt" und die europäischen Völker und Staaten für die europäische Raße oder gar für die „Menschheit" hielt. Mit demselben Rechte könnte und müßte man dann auch den sehr

selben Jahrzehnts, resp. im Jahre 1877, stellten sich folgender Maßen die

Antheile	am Welthandel und am Weltverkehr.	
des englischen Stammes aller anderen Nationen	20,559·410,000 M. 8,825·084,000 „	72·240,000 Tonnen 31·150,000 „
der civilisirten Welt	29,384·494,000 M.	103·390,000 Tonnen
Uebergewicht des englischen Stammes	70 %	70 %

Siebenzig Procent des ganzen Handelswerthes und Handelsgewinnes der Weltwirthschaft sind in den Händen des englischen Stammes; alle übrigen Nationen zusammen genießen nur etwas mehr als ein Viertel des Ganzen. Und Das soll ein internationaler Handelsbetrieb sein?! — Ja, rechtlich und theoretisch sind Welthandel und Weltverkehr allerdings international, thatsächlich und praktisch aber sind sie es nicht! Und was hilft uns denn die blos rechtliche Möglichkeit, wenn wir nicht den factischen Vortheil von derselben ziehen?! Die Auflösung des brittischen Colonialsystems und die internationalen Handelsverträge haben den Welthandel erst recht dem englischen Stamme in die Hände gespielt; wie folgende Aufstellung beweist:

Welthandelsumsätze*)	1855	1875
des englischen Stammes aller übrigen Nationen	8,128·017,000 M. 5,157·346,000 „	20,559·410,000 M. 8,825·084,000 „
Gesammter Welthandel	13,285·363,000 M.	29,384·494,000 M.
Uebergewicht d. engl. Stammes	61 %	70 %

bedeutenden Localhandel der Vereinigten Staaten von Nord-Amerika und andere Handelsumsätze mit in die Welthandels-Berechnungen hineinziehen. Das Verhältniß des Uebergewichts des englischen Stammes über den ganzen Rest anderer Nationen würde dadurch eher gesteigert als verringert werden, aber die einfachen *wirklichen* Verhältnisse werden durch solche Complicationen nur künstlich verwirrt. — Die obigen Angaben des *Welthandels* habe ich in der Tabelle 2 des Anhangs specificirt und über die des *Weltverkehrs* vergl. Michael Mulhall, ›The Progress of the World‹ (London 1880, Stanford) pag. 51. Für die Weltfrachtschiffahrt der nord-amerikanischen Handelsflotte habe ich rund 18 Millionen Tonnen gerechnet. Die Gesammtzahl der Seereisen deutscher Kauffahrteischiffe war (laut Angabe des „Statist. Jahrbuchs für das Deutsche Reich“, I. Jahrgang, pag. 126) im Jahre 1877: mit Ladung .... 7·913,526 Tonnen,
im Ballast .... 1·836,080 „
zusammen .... 9·749,606 Tonnen.

*) Vergl. hierzu die Tabellen 1 und 2 des Anhangs.

Im Laufe dieser zwei Jahrzehnte also steigerte sich das Uebergewicht des englischen Stammes über den gesammten Rest aller anderen Nationen der civilisirten Welt von 61 % auf 70 %. Und trotzdem behaupten unsere tonangebenden Volkswirthe, die von ihnen für unfehlbar ausgegebene Freihandels-Parodie fördere nicht speciell den englischen Stamm; das System der Handelsverträge diene dazu, den Welthandel und Weltverkehr mehr und mehr „international" zu machen! Diesen Thatsachen gegenüber ist eben die Weisheit unserer älteren Generation zu Ende; da bleibt ihnen denn nichts übrig, als die Augen zu schließen oder, wie der Vogel Straus, den Kopf wegzustecken. Mit ihren Anschauungen und Kräften allein ist offenbar gegen dieses wachsende Uebergewicht des englischen Stammes nichts zu machen. Auch wenn es den Herren gelingen sollte, das Wissen und Können unseres Volkes noch so sehr zu steigern: sie werden keinen wesentlichen Vortheil für unsere Nationalität erzielen, wenn sie nicht zugleich die Willenskraft und den Unternehmungsgeist der Nation heben. Mag man seine Kenntnisse und Fähigkeiten auch bis auf's Höchste vervollkommnen, sie sind praktisch werthlos, so lange nicht ein starker Wille, wagender Muth und die entschlossene That hinzukommen und Großes mit solchen Kräften leisten. Die Lehre vom Unterschied der Passivität und Activität, von den sehr verschiedenen Wirkungen eines passiven und eines activen Handelsbetriebes, des Verkehrs mit culturell schwächeren Kunden und desjenigen zwischen gleich starken Kräften, ist freilich auch der heutigen Wirthschaftslehre bekannt, aber man vergißt meist, daraus die einfachen Consequenzen für uns selbst zu ziehen. Nur dasjenige nämlich wird verkauft, was zum Verkaufe angeboten oder aufgesucht wird; die Güte und der billige Preis unserer Waaren machen diese concurrenzfähig, verschaffen ihnen aber noch nicht die Gelegenheit zu concurriren; und auch für die zur Concurrenz gelangende Waare ist es nicht einerlei, ob sie nur so vom Strome des Weltverkehrs mitgenommen wird, oder ob sie sich selbstständig in den Weltmarkt hineindrängt. Die größte Rentabilität des Welthandelsbetriebes einer europäischen Nation beruht vor allem darauf, daß sie mit culturell fremden und unterlegenen Völkern Handel treibt. Je größer der Culturunterschied, desto rentabler ist auch der Handelsbetrieb, wenn und so lange die Culturkräfte solches Handels nur gesund bleiben und normal wirthschaften.

Der nach „Internationalität" strebende Kosmopolitismus ist heutzutage für jede nicht „angelsächsische" Nationalität kaum etwas anderes als ein Verrath der eigenen Nationalität an den englischen Stamm.

Solches Streben kann und wird nur dazu dienen, dieselbe um so leichter, schneller und spurloser in dem allumfassenden Getriebe der englisch redenden Weltwirthschaft zu absorbiren; und diese Consequenz muß alsdann ja auch relativ erwünscht sein. Denn es ist ein unnatürlicher und auf die Dauer unhaltbarer Zustand, nach innen seine Selbstständigkeit wahren und seine eigene Wirthschaft führen zu wollen, und zugleich nach außen hin mehr und mehr von einem fremden Wirthschaftsgebiete einseitig abhängig zu werden. Wären wir wirklich ein national-homogener Theil solches größeren weltwirthschaftlichen Ganzen, dann würden wir auch im Innern, wenigstens mehr als heute, die Vortheile solcher Weltwirthschaft genießen, von denen wir jetzt ausgeschlossen sind. Entweder also, wir müssen nach unserer eigenen vollen und factischen Selbstständigkeit im großen Ganzen der civilisirten Welt und nach thatsächlicher Gleichstellung unseres Volkstypus neben dem angelsächsischen streben; oder, wenn wir hieran verzweifeln, drängt uns unser eigenes Interesse zur engsten Vereinigung mit der englischen Weltwirthschaft, damit wir die „Vortheile und Wohlthaten" einer solchen möglichst voll und ganz genießen können. Auch treibt uns dann schon das natürliche Verlangen, möglichst wenig von unserer Culturarbeit vergeblich zu thun, nach eben dieser selben Richtung hin. Hält man seine Nationalität doch für dem Untergange geweiht, so wird man auch consequenter Weise diejenige andere Sprache, welche die Zukunft für sich hat, seinem eigenen dahinsterbenden Idiome vorziehen, und nicht für solchen lebensunfähigen Volkstypus bewußtermaßen ohne Aussicht auf Erfolg arbeiten.

Wie groß oder gering übrigens diese Gefahr des Aufgesogenwerdens für unsere Nationalität ist, und ob unsere Hoffnungslosigkeit wirklich so gut begründet ist, wie unsere „politischen Buddhisten" glauben, das sind immerhin in erster Linie wichtige Fragen, welche eine eingehende Erwägung fordern. Es war nur vorerst nöthig, die eben erwähnten Mißverständnisse und Begriffsverwechslungen aufzuklären; denn Unklarheit ist der schlimmste Feind der besten Absichten. Wohl zu beherzigen ist jenes zum Motto dieses Abschnittes gewählte Wort des Francis Bacon Lord von Verulam, mit welchem auch Herr Dr. Karl Braun den volkswirthschaftlichen Congreß, vor dem und für den eben Herr Dr. Kapp sprach, unter allgemeinem Beifall eröffnete:

„Manchmal auch entsteht die Wahrheit aus dem Irrthum,
aber niemals aus einer Begriffsverwirrung."

III.

Die Lebensgefahr der deutschen Nationalität.

»The development of the England of Elizabeth is to be found, not in the Britain of Victoria, but in half the habitable globe. If two small islands are by courtesy styled »Great«, America, Australia, India must form a Greater Britain.«

Dilke *(Greater Britain.)*

Derjenige Flächenraum unseres Planeten, welcher von dem englischen Stamme beherrscht wird, ist 58-mal so groß wie Deutschland und ist 13½-mal größer als alle diejenigen Länderstrecken zusammengenommen, welche unter der Botmäßigkeit Deutschlands, Oesterreichs und Frankreichs stehen. Die genauen Größenverhältnisse sind, in Quadrat-Kilometern angegeben, folgende:

Umfang des brittischen Reiches	21'879,719	qkm
„ der Vereinigten Staaten	9'272,448	„
Wirthschaftsgebiet des englischen Stammes	31'152,167	qkm
„ Frankreichs	1'141,368	„
„ Oesterreich-Ungarns	624,254	„
„ Deutschlands	540,477	„

Das Wirthschaftsgebiet des englischen Stammes umfaßt überdies die fruchtbarsten, bestgelegenen und für die europäische Körperconstitution klimatisch zuträglichsten Länder der Erde. Ganz diesem Verhältnisse entsprechend befindet sich, wie schon erwähnt, auch der Welthandel und der Weltverkehr weit überwiegend in den Händen des englischen Stammes.

Die nachstehende Tabelle bezeichnet die Welthandelsumsätze der verschiedenen Nationen im Durchschnitt des Jahrzehntes 1868 - 77 und ihre Dampfflotten zur See am 1. September 1880:

Nationen.	Umsatzwerth des Ueberseeischen Handels.	Gesammter Umsatzwerth des Welthandels.	Raumgehalt d. Dampfer v. 50 Tonnen aufwärts.
Großbritanniens	7,972·586,000 M.	14,768·120,000 M.	2'773,082 Tonnen
der Ver. Staaten	1,295·559,000 „	4,653·623,000 „	389,937 „
beider gemischt		1,137·667,000 „ *)	
des englischen Stammes.	9,268·145,000 M.	20,559·410,000 M.	3'163,019 Tonnen
Frankreichs	1,753·363,000 „	2,375·000,000 „ *)	277,781 „
Deutschlands	760·000,000 „	780·000,000 „ *)	203,322 „

Der englische Stamm beherrscht heutzutage die Welt nicht durch seine Seemacht allein, sondern vielmehr durch culturelle Leistungen, welche die Völker der Erde von ihm abhängig machen. Der Welthandel fast aller europäischen Nationen verdankt den großartigen Aufschwung, welchen er im Laufe dieses Jahrhunderts genommen hat, wesentlich der Cultur-Initiative Englands und den wachsenden Leistungen seiner extensiven Culturpolitik; und von den Gewinnen, welche diese Nationen heutzutage aus ihrem Welthandelsbetriebe ziehen, ist ein großer Theil nur ermöglicht durch die Weltwirthschaft des englischen Stammes. England versorgt alle Länder der überseeischen Welt mit ihren wesentlichsten materiellen und geistigen Bedürfnissen; und in England concentrirt sich nicht nur der Reichthum der Welt, sondern auch Wissenschaft und Kunst aller Völker der Erde.**) England besorgt den wesentlichsten Theil der Weltpost Europas bis in die entlegensten Ecken und Enden des Erdenrundes. Die englische Flotte übt die Polizeigewalt auf dem Weltmeere und gewährt der

*) In diesen Angaben sind die auf jede der Nationalitäten fallenden Antheile am europäischen Handel in Egypten, China und Japan enthalten. Ueber den Welthandelsbetrieb in anderen, noch nicht in den Kreis der Civilisation hineingezogenen Ländern fehlen zuverlässige statistische Nachweise. Im Verhältnisse zu den hier aufgeführten Umsätzen würden aber solche weiteren Beträge jedenfalls verschwindend klein sein, und es ist überdies anzunehmen, daß das Uebergewicht des englischen Stammes über alle anderen Nationen zusammengenommen auch in solchen Naturländern durchschnittlich dasselbe sein wird, wie in den bekannten Theilen der Welt. Vergl. für die obigen Angaben auch die Tabelle 2 des Anhangs.

**) Ich rede hier nicht von englischer Kunst, sondern von der Kunst fremder Völker, welche der Reichthum Englands nach London zieht. So werden z. B. die besten und zugleich billigsten Concerte deutscher Musiker ersten Ranges in der St. James' Hall im Westend Londons gegeben. Aehnlich verhält es sich mit den wissenschaftlichen Leistungen der Welt bis hinunter zu den exquisitesten Raritäten. Findet man, um irgend eine Sprache zu erlernen, selbst im Heimathlande derselben keinen geeigneten Lehrer, dann wird man doch immer noch in London Jemanden auftreiben können, der competent ist, Unterricht in derselben zu ertheilen.

Civilisation Schutz gegen Barbarei in allen Theilen der Welt; sie war seit langer Zeit, und ist noch heute, die mächtigste Trägerin der Culturideen. England ist es, dem die Civilisation die Unterdrückung des Menschenhandels und die Abschaffung der Sclaverei zu danken hat. England brachte den reifenden Culturkräften der Welt die Segnungen des freien Wettbewerbes und pflanzte die Ahnung eines hohen Werthes der menschlichen Arbeit in alle Raßen des Menschengeschlechts; es weckte und nährte diese Keime des Aufwärtsstrebens, und sein erdumfassender Weltverkehr ermöglicht die Verwerthung der Culturarbeit aller Völker. Die Weltwirthschaft ist englisch und der englisch redende Mensch ist der „Weltbürger" der modernen Welt, der Deutsche erscheint in der Werkstatt dieser Weltwirthschaft nur als der Arbeiter und „Privatmann", ja auch seine Nationalität ist auf dem Erdballe bisher meist nur der Gast oder dienende Gehülfe (der „ehrliche Makler") jenes englischen Stammes.

Was einst, ein Jahrtausend lang, die lateinische Sprache für die Welt und ihre Civilisation bedeutete, das ist heut das Englische. Ja noch mehr! Wie einst die Sprache Roms das geistige Band war, welches die mittelländischen Völker der alten Welt umschlang, und welches später dem Gedankenfluge aller höheren Cultur als internationaler Wortausdruck diente, so ist heute das Englische diejenige Sprache, welche den höchsten und reifsten Producten des menschlichen Geistes die weiteste Verbreitung im Kreise der Civilisation sichert, und zugleich vermittelt es jetzt den Verkehr der verschiedenen Menschenraßen. Wann und wo in der weiten Welt, der Europäer und der Chinese, der Araber und der indische Coulie, der Malaye und der Amerikaner, der Neger und der Indianer mit einander in Berührung kommen, fast immer und überall ist das Englische, mehr oder weniger correct gesprochen oder geradebrecht, das geistige Band, welches ihnen einen menschlichen Verkehr mit einander ermöglicht. Die alles-überwuchernde Ausdehnung, welche die englische Sprache im Laufe dieses Jahrhunderts gewonnen hat, stellt sich am deutlichsten in folgendem Vergleiche dar. Die officielle Landessprache war

	im Jahre 1800	und ist 1880
das Englische	für 40 bis 50 Millionen	für 291 Millionen Menschen.
das Deutsche	„ 38 „	„ 70 „ „
das Französische	„ 34 „	„ 43 „ „

Während ferner die Zahl derjenigen Menschen, welchen die deutsche Sprache zu ihrer wirthschaftlichen Existenz unentbehrlich ist, sich auf etwa 80 Millionen schätzen läßt, beläuft sich die Zahl der in gleicher

Weise vom englischen Idiom Abhängigen auf wenigstens 400 Millionen; ja es ist höchst wahrscheinlich, daß diese letztere Zahl noch bedeutend größer ist. Das Englische übertrifft wohl gegenwärtig schon den Sprachumfang des Chinesischen und wird somit auch über den Kreis der Civilisation hinaus als die weit verbreitetste Sprache des Menschengeschlechts gelten müssen.

Von dem Gebiete, welches der englische Stamm gegenwärtig beherrscht, bearbeitet und verwerthet, hatte derselbe im Wesentlichen schon bis kurz nach der Mitte dieses Jahrhunderts wirthschaftlich Besitz genommen und angefangen sich dort in seiner heutigen Weise einzurichten. Seit den 50-ger und 60-ger Jahren hat dann auf diesem Gebiete eine rapide aber doch stetige Entwicklung stattgefunden. Namentlich in den Vereinigten Staaten und in den brittischen Colonien nahm die englische Cultur einen so gewaltigen Aufschwung, wie die Civilisation der Menschheit demselben bisher nichts, auch nur annähernd Aehnliches an die Seite zu stellen hat.

Dieses riesige Wachsen unseres germanischen Bruderstammes ist die Ursache der in verschiedenen Ländern immer häufiger und stärker hervortretenden Ueberzeugung, daß die ganze europäische Raße einer endlichen Anglisirung entgegen gehe. Als typisch hierfür können die Worte gelten, welche der jetzige leitende Staatssecretär des brittischen Auswärtigen Amtes, Sir Charles Wentworth Dilke, seiner bedeutendsten schriftstellerischen Arbeit*) als Vorwort voranstellte, und denen auch das Motto dieses Abschnitts entnommen ist. Er schreibt dort:

„Ich folgte dem Genius Englands rings um die Welt: überall befand ich mich unter englisch-redenden Menschen oder in englisch-regierten Ländern. Obwohl ich bemerkte, daß Klima und Bodenbeschaffenheit, daß Sitten und Lebensgewohnheiten, daß namentlich auch die Vermischung mit andern Volkstypen das englische Blut modificirt hatten, so sah ich doch, daß im Wesentlichen die Raße überall nur eine war.

„Der Gedanke, welcher sich mir bei all' meinen weiten Reisen aufdrängte, als mein steter Begleiter und Führer — als der Schlüssel,

*) C. W. Dilke »Greater Britain«, London 1868, 2 Vols. — Schon seit den 30-ger Jahren dieses Jahrhunderts fließt dieser Art die Literatur Englands und Amerikas beständig über in dem beseeligenden Gefühle solcher culturellen Weltbeherrschung und zwar gleichmäßig in allen Kreisen der sich gegenüberstehenden politischen Parteien. Der Widerhall dieser Stimmung wurde auf dem Continent Europas erst viel später gehört; neuerdings aber findet sich die Furcht vor der überlegenen Culturmacht des englischen Stammes auch in Deutschland und Frankreich häufiger ausgesprochen.

welcher mir das Verständniß alles dessen erschloß, was mir in befremdend neuen Landen räthselhaft und wunderbar erschien, — war der überwältigende Eindruck von der Größe unseres Stammes, der schon jetzt den Erdball umspannt, und wohl bestimmt ist, einst denselben ganz zu erfüllen.

„In Amerika werden die Völker der Erde zusammengeschmolzen, aber sie werden in eine englische Form gebracht. Es ist das Recht Alfreds des Großen und die Sprache Chaucers, welche sie beherrschen, sie mögen wollen oder nicht. Man sagt wohl, England werde einst für sich den Ruhm in Anspruch nehmen, jenseits des Meeres neue Englande in größerem Maßstabe geschaffen zu haben. Man übersieht aber, daß unser Stamm schon jetzt viel Größeres vollbracht hat, als die Colonisation überseeischer Länder; er hat seine eigenen Culturformen den Söhnen Deutschlands, Irlands, Scandinaviens, Frankreichs und Spaniens aufgeprägt. Durch das Gebilde Nord-Amerikas redet England zu der Welt.

„Die Entfaltung des Alt-England der Elisabeth ist nicht im Großbritannien der Victoria zu suchen; es findet sich vielmehr in der Hälfte aller bewohnbaren Länder unseres Planeten. Wenn man aus Höflichkeit zwei kleine Inseln „Groß" nennt, dann sind Amerika, Australien, Indien offenbar ein „Größeres Britannien".

Eine klarere Vorstellung von der Größe der Gefahr, mit welcher die lebende Existenz der deutschen Cultur, sowie die aller romanischen Völker und schließlich auch der Russen bedroht wird, gewährt die nachfolgende Berechnung *) dieser europäischen Stämme, wie dieselben in 100 Jahren zu einander gestellt sein werden, wenn selbst der englische Stamm von seinem wachsenden Uebergewicht keinen anderen Gebrauch als bisher machen sollte, und wenn die Verhältnisse der überseeischen Welt sich organisch und ungestört in demselben Maße, wie in den 25 Jahren seit der Mitte dieses Jahrhunderts, fortentwickeln:

Volkszahl	1850	1875	1980
des englischen Stammes	55·817,000	90·564,000	927·000,000
„ deutschen „	52·930,000	64·470,000	146·000,000
„ niederländ. „	7·500,000	9·202,000	20 500,000
„ skandinav. „	6·272,000	8·134,000	24·300,000
„ russischen „	63·010,000	83·790,000	275·000,000
„ romanischen „	113·142,000	127·588,000	212·200,000
der europäischen Raße . .	298·671,000	383·748,000	1,605 000,000

*) Vergl. die Specification dieser Aufstellung in der Tabelle 3 des Anhangs.

Bei diesen Angaben der Bevölkerungen für das Jahr 1980 ist zu bemerken, daß es hier durchaus nicht auf die absolute Höhe der Ziffern, sondern nur auf das Verhältniß der verschiedenen Zahlen zu einander ankommt; es ist ebenso auch irrelevant, ob diese Volkszahlen etwa erst im Jahre 2000 oder, was wahrscheinlicher ist, *) wohl schon um 1950 vorhanden sein werden. Genug, daß im nächsten Jahrhundert die Ueberlegenheit des englischen Stammes über den deutschen und den romanischen sich mindestens wie **9 : 1 ½** und **2** verhalten wird. Voraussichtlich aber wird, bei unverändertem Fortwirken der gegenwärtigen Ursachen, sich dieses Verhältniß noch sehr viel mehr zu Gunsten der „Angelsachsen" gestalten.

Die europäischen Länder der drei erwähnten Stämme sind offenbar nicht im Stande die hier berechneten Volksmassen zu ernähren. Würde sich selbst die Intensität unserer europäischen Wirthschaft auch noch um ein Bedeutendes heben, so ist doch kaum anzunehmen, daß sich die Productivität derselben im nächsten Jahrhundert so sehr gesteigert haben wird, daß dann

in Deutschland	93·4	Millionen,	statt	wie	jetzt	45·	Millionen	Menschen
„ Holland u. Belgien	20·5	„	„	„	„	9·5	„	„
„ Oesterreich	52·6	„	„	„	„	22·3	„	„
zusammen	166·5	Millionen,	statt	wie	jetzt	76·8	Millionen	Menschen

sollten wohnen können. In Deutschland und Deutsch-Oesterreich zusammen werden doch sicherlich nicht mehr als höchstens 100 Millionen Menschen ihren Unterhalt finden können. Die Ertragsfähigkeit der Länder fremder Erdtheile dagegen ist groß genug, um auch noch sehr viel größere Menschenmassen zu ernähren, als sich für die gesammte europäische Raße im nächsten Jahrhundert ergeben. Die natürliche Folge wird daher sein, daß die überschüssige Bevölkerung, welcher in Europa nicht mehr die Mittel und Wege zu ihrer Ernährung geboten sein werden, nach solchen Gegenden der Welt auswandern wird, wo sie solche Existenzmöglichkeit findet. Der Procentsatz der überseeischen Auswanderung aus den angeführten Ländern muß also im nächsten Jahrhundert ganz erheblich über den jetzigen Durchschnittssatz steigen. Diejenigen Länder aber, in welchen eine Ernährungsmöglichkeit gegenwärtig noch in fast unbeschränktem Maße gegeben zu sein scheint, so vor allem Nord-Amerika, Süd-Afrika, Australien und Neu-Seeland, sind bekanntlich im Besitze des englischen Stammes, und jede dort hinfließende Einwanderung wird nur dazu dienen, diesen Stamm noch

*) Einige Gründe dieser Vermuthung habe ich in der Anmerkung zur Tabelle 3 des Anhangs zusammengestellt.

mehr gegenüber den deutschen und anderen Elementen unserer Raße zu stärken.

Ferner ist außerdem noch eine immer weitere locale Ausdehnung des englischen Stammes in überseeischen Ländern mindestens nicht unwahrscheinlich. Daß das brittische Reich sich noch fortan durch Eroberungen wesentlich mehren sollte, ist freilich nicht zu erwarten; dagegen ist es die ausgesprochene Tendenz der Nord-Amerikaner, soweit es ihnen irgend möglich ist, ihren ganzen Continent für sich zu erwerben und damit den einzigen, noch nicht englischen Theil der Erde, welcher sonst noch zur Ernährung großer europäischer Volksmassen geeignet ist, Süd-Amerika, auch zu anglificiren.

Bliebe aber Süd-Amerika auch nach wie vor romanisch, so würden dann doch jedenfalls über 1000 Millionen englisch denkende und redende Menschen in den reichsten und bestgelegenen Länderstrecken der Welt leben und in Deutschland und Deutsch-Oesterreich nur etwa 100 Millionen Deutsche. Ob wir — die bestgehaßte Nationalität der modernen Welt — uns dann gegen solche ungeheure Uebermacht einer fremden Cultur noch werden deutsch erhalten können, das muß wohl sehr zweifelhaft erscheinen; eine Culturmacht aber, ein lebensfähiges Element der Civilisation kann diese unsere verhältnißmäßig kleine Volkszahl dann unmöglich sein.

Isoliren, wie China, können wir uns nicht; einmal nicht, weil wir dadurch aufhören würden ein civilisirtes Volk*) zu sein; zum andern, weil wir in einem viel zu ärmlichen Lande wohnen, dessen Wirthschaftsbetrieb unbedingt auf reichere Gebiete angewiesen ist, und schließlich auch, weil wir eine dazu viel zu kleine Volkszahl sind und sein würden. Schon durch die alsdann unvermeidliche Nothwendigkeit einer vollständigen wirthschaftlichen Abhängigkeit Deutschlands von einem fremden, die übrige Welt beherrschenden Stamme würde auch eine entsprechende culturelle Abhängigkeit bedingt sein. Wenn wir den größten Theil unserer Nahrungsmittel und fast alle Rohstoffe unserer industriellen Fabrication von englisch redenden Völkern beziehen, so werden wir uns dabei natürlich für diesen Handelsbetrieb auch ihrer englischen Sprache, Sitten und Rechtsgewohnheiten fügen müssen.

*) „Civilisation" ist nicht jede menschliche Cultur, sondern nur die Cultur-Entwicklung der Menschheit als eines Ganzen. Ein Volk, wie die Chinesen, welches sich freiwillig von dieser Gesammt-Entwicklung des Menschengeschlechts ausschließt und absondert, mag trotzdem ein sehr hochstehendes Culturvolk sein, hat aber auf den Namen eines „civilisirten Volkes" keinen Anspruch, so lange es eben ostentativ auf denselben verzichtet.

Nehmen wir ferner selbst an, wir könnten und wollten dann auch die sämmtlichen Industrie-Erzeugnisse jener 1000 Millionen englischer Völker ganz entbehren, so müßten wir doch jedenfalls unsere 100 Millionen Einwohner in den Stand setzen, alle jene im eigenen Lande nicht herstellbaren Producte dieser englisch-redenden Völker zu bezahlen. Wir müßten wesentlich für den Export fabriciren und wären dabei nicht nur, wie beim Import, auf die englische Sprache, Sitte und Rechtsgewohnheiten angewiesen, sondern unsere Fabrication müßte sich dann auch dem Geschmacke, den Interessen und allen Culturbegriffen jener englischen Völker fügen.

Aber viel mehr noch! Unsere Sprache, unsere Literatur, unsere Wissenschaft und Kunst werden dann diesen Völkern gegenüber eine noch geringere Bedeutung haben, als heutzutage z. B. Hollands, Böhmens und auch Ungarns Sprache, Literatur, Kunst und Wissenschaft uns selbst und andren ihrer Nachbarvölker gegenüber einnehmen. Nicht das Prestige der Industrie allein wird durch die culturpolitische Macht, durch die Ausdehnung des Wirthschaftsgebietes der Nation bedingt, sondern auch die Verbreitung und Anerkennung ihrer Wissenschaft und Technik. Hieran gerade zeigt sich vor allem die Macht oder Ohnmacht einer Nationalität! Wie viele Erfindungen, Entdeckungen, Erforschungen und andere Errungenschaften sind nicht schon von deutschen Männern gemacht worden, Jahrzehnte früher ehe Engländer oder Franzosen dieselben ebenfalls erzielten und sie mit ihrem Namen in aller Welt zur Geltung und Anerkennung brachten, während die Resultate deutschen Geistes kaum im Bereich der deutschen Sprache und des deutschen Capitals bekannt geworden waren, bis uns das, was wir längst viel näher haben konnten, endlich als etwas ganz Neues von Paris, London oder Neu-York aus angeboten wurde. Da rühmen sich dann die deutschen Gelehrten und Techniker: „Wir haben das lange schon gewußt und gekonnt!" — Sehr wohl, antworten uns darauf die anderen Nationen, es mag sein, daß ihr das Alles längst gekonnt und gekannt habt, damit aber konnte und kannte es noch nicht die große civilisirte Welt. — Hat uns nicht neulich erst die Rede des Bischofs von Melbourne bei der Eröffnung des wissenschaftlichen Congresses zu Adelaide in Süd-Australien*) bewiesen, daß selbst die höchst-gebildeten Männer auf der andern Seite unseres Planeten von den culturellen Leistungen unseres deutschen Volkes

*) Vergl. hierüber u. a. den „Export, Organ des Central-Vereins für Handelsgeographie", III. Jahrgang Nrn. 1 u. 2. Berlin d. 4. und 11. Januar 1881, pag. 11 und 22.

weder einigen Begriff noch auch einige Kenntniß haben?! Bisher ist es sogar noch vortheilhafter für das allgemeinere Bekanntwerden einer solchen Leistung, wenn sie vom Prestige der französischen Nation, als wenn sie vom deutschen Namen getragen wird. Am weitesten aber trägt schon gegenwärtig das Prestige der brittischen Nation und nächst dem dasjenige Nord-Amerikas. Indessen beeinflussen doch unsere Wissenschaft und unsere Kunst die Civilisation der Welt heutzutage noch als eine selbstständige deutsche Cultur; in weniger als hundert Jahren aber wird es auch in Amerika, Australien und andern überseeischen Ländern eine uns ebenbürtige Cultur geben, und zwar wesentlich Dank der gesunden und hochbeanlagten deutschen Culturkräfte, die wir bei steigender Massenauswanderung mehr und mehr dorthin senden müssen. Diese neuen einander geistesverwandten Cultur-Erscheinungen werden sich über die ganze Welt hin für die Civilisation unserer Raße tonangebend geltend machen, aber sie werden alsdann eben nicht als deutsche Cultur, sondern als die des englischen Stammes gelten; sie werden die Grundlage der dann anglisirten Civilisation sein.

Wenn der Geist und die Schwachwilligkeit unseres älteren Geschlechts fernerhin für unsere Nation maßgebend bleibt, so werden wir im nächsten Jahrhundert nicht mehr, wie jetzt, in einer einigermaßen gegenseitigen Abhängigkeit zu den andern Völkern unserer Raße in allen Theilen der Welt stehen, sondern werden mit unserm geistigen Leben ganz und gar auf diese dann anglisirten Völker angewiesen sein. Jene 1000 Millionen Menschen werden die civilisirte Welt repräsentiren; wir werden, da wir uns eben nicht von der Civilisation isoliren können, die Geistesproducte jener englisch denkenden und englisch schaffenden Civilisation in uns aufnehmen, und irgend welche eigene geistige Leistung, die wir im Kreise der Civilisation zur Geltung bringen wollen, wird in englischer Sprache und in englischer Anschauungsweise dargestellt werden müssen. Wer nur ein wenig weiter und tiefer zu blicken im Stande ist, wird sehr bald erkennen, daß wir dann schon lange uns die wesentlichsten Culturformen des anglo-amerikanischen Lebens angeeignet haben werden. Wenn all' unser Denken und Thun nicht gänzlich von der civilisirten Welt ignorirt werden soll, so müssen eben wir selbst dann englisch denken und englisch werden.

Dabei können wir noch lange Zeit die äußere Form unserer politischen Selbstständigkeit bewahren, ähnlich wie heutzutage in kleinerem Maßstabe der belgische Staat nahezu vollständig französirt ist. Dieses kleine Belgien hat dadurch freilich eine etwas bessere

Chance längerer Erhaltung seiner jetzigen Culturformen gewonnen, als sie das bisherige deutsche Volk für die seinigen hatte. Aber allerdings wird schließlich auch Frankreich selbst, wenn nicht vom englischen Stamme aufgesogen, so doch jedenfalls von germanischer Cultur überzogen werden. Namentlich kann es, wenn Deutschland anglisirt werden wird, sich schwerlich noch sehr lange französisch erhalten.

Frankreich hat unbestreitbar Erstaunliches für die Menschheit geleistet, aber diese Leistungen lagen fast ausschließlich auf dem Gebiete der inneren Cultur-Entwicklung und selbst an diesen hat sich sein nationales Gepräge sogut wie ganz verwischt. Den Franzosen stehen, um ihren Typus nach außen hin zur Geltung zu bringen, einige der hervorstechendsten Eigenschaften desselben hindernd im Wege. Ihre Volkszunahme ist viel zu gering; in manchen Jahren nimmt die Volkszahl Frankreichs sogar ab. Es fehlt ihnen an dem germanischen Wandertriebe und an der Befähigung zur Colonisation; sie können sich nicht entschließen, la belle France zu verlassen, und ihre strohfeuerartige Begeisterung ist zu sehr auf abstracte Theorien, auf verfeinerten Lebensgenuß und auf augenblickliche Erfolge, aber zu wenig praktisch und anhaltend auf eigennützige Ziele gerichtet. In der rastlos hastenden Entwicklung ihrer inneren politischen Verhältnisse scheinen sie sich sogar noch eher zu Tode experimentiren zu wollen, ehe sie schon wegen ihres zurückbleibenden Volkszuwachses von ihren Nachbarvölkern erdrückt werden könnten. Die Lehren und Erfahrungen ihrer fieberhaften Hochcultur mögen vielleicht von späteren Staatsmännern nutzbringend verwerthet werden, aber zu einer Zeit, welche Frankreich als Nation wohl nicht mehr erleben wird. Der sinkende Glücksstern dieses liebenswürdigen und geistreichen Volkes kann sich in der That sehr bald seinem Untergange nahen. Wenn es sich, nach wie vor, von dem zügellosen Radicalismus des ewig unruhigen Paris leiten und verleiten läßt, so könnte das Ende dieser „großen" Nationalität schließlich ein ähnliches sein, wie dasjenige Polens oder Irlands.

Was heute noch für den Continent Europas das Französische ist, das wird im nächsten Jahrhundert wohl das Englische, wie jetzt schon für die außereuropäische Welt, so dann auch für ganz West-Europa werden. Das heutige Frankreich ist jedenfalls unfähig, dem culturellen Uebergewicht des englischen Stammes auf die Dauer zu widerstehen. Im deutschen Volke sind allerdings alle hierzu erforderlichen Mittel und Kräfte vorhanden, aber wenn wir diese Kräfte nicht anwenden, um selbstthätig unsere Cultur in die Welt hinaus- und hineinzutragen, wenn nicht unsere „kommende Generation“ voll und ganz zur Geltung gelangt: der Geist unseres älteren Geschlechts ist offenbar nicht im Stande uns deutsch zu erhalten. Das bisherige Deutschland ist vielmehr zweifellos in noch sehr viel größerer Gefahr, vom fremdländischen Wesen absorbirt zu werden, als Frankreich.

Bei keinem civilisirten Volke der ganzen Welt ist die Albernheit der Schwärmerei für alles Fremde so groß, wie bei uns. Was aus England, Frankreich, Italien, Rußland, Ungarn oder Botokutien kommt, alles ist gut, nur Das nicht, was uns die Heimath bietet, es sei denn, daß es etwa von einem persönlich Bekannten oder Verwandten herrühre. Ganz dieselbe Vorliebe, welche jede andere Nation für ihre eigenen Leistungen hat, dieselbe Vorliebe hat der Deutsche älteren Sinnes für das Ausländische; und ein je geringeres Prestige deutsches Wesen und deutsche Leistungen bei anderen Nationen haben, ein um so größeres Prestige haben die Leistungen dieser Nationen bei uns. Es ist dies zum Theil in dem Streben der Eitelkeit begründet, durch Aeußerlichkeiten, nicht durch geistigen Werth sich vor seiner Umgebung auszeichnen zu wollen — ein sehr bedenkliches Zeichen der culturellen Schwäche eines Volkes! —; zum großen Theil aber ist dies auch eine Nachwirkung des, durch die verschiedenen Generationen dreier Jahrhunderte uns anerzogenen, Schamgefühls der Miserabilität unserer Nation. In der Dunkelheit unseres nationalen Elends blendete uns der strahlende Glanz des Glückes unserer Nachbarvölker so sehr, daß schließlich unsere besten Culturkräfte kaum noch ihren eigenen Weg zu finden wußten und ihre eigene Arbeit zu leisten vermochten. Wenn unsere kürzlich inaugurirte Schutzzollpolitik auch gar keinen anderen politischen Zweck verfolgte, so müßte ihr doch jedenfalls der Vortheil unbestritten bleiben, daß sie wenigstens einige Deutschen zwingen wird, sich von ihrer Narrheit der Fremdthümelei zu entwöhnen, oder dieselbe noch theurer als bisher zu bezahlen. Beliebt mag dadurch bei den Deutschen ihre eigene Nationalität vielleicht noch nicht werden, auch ein Prestige derselben wird dadurch kaum während eines Menschenalters in unserm starrköpfigen Volke begründet werden können; aber es wird dadurch doch wenigstens Gerechtigkeit geübt, und unsere jetzt eben aufkeimenden Culturkräfte werden davor bewahrt, von dem Wust der Vorurtheile unserer älteren Generationen wie bisher erstickt zu werden.

Vor allem herrscht bei uns der Einfluß des französischen Wesens, eine Reminiscenz aus vorigen Jahrhunderten, die gegenwärtig immer noch nachwirkt. Mit verhältnißmäßiger Leichtigkeit schafft der deutsche Fabricant seinen neuen mit Sorgfalt und Geschmack gearbeiteten Artikeln in unsern Nachbarländern Absatz. Von Oesterreich garnicht zu reden, in Italien, Frankreich, ja selbst in der „Metropole des Geschmacks", in Paris, fängt unsere Production an vermehrte Aufnahme zu finden, wenn es ihr nur gelingt, den verhaßten Namen des Deutschen zu verbergen; sobald aber unsere Industrie zurückkehrend wieder die heimatliche Grenze überschreitet, sogleich heißt es bei jeder neu-angebotenen Waare: „Wir danken Ihnen, das ist zwar sehr hübsch, aber wir werden das wohl nächstens von Paris erhalten!" — mit dem halb-bewußten Hintergedanken, dann werden „wir" es jedenfalls hübscher finden. Wenn nun aber doch außerordentlich viele Dinge, die man thatsächlich in Deutschland garnicht entbehren kann, absolut nicht von Paris oder London zu beziehen sind, dann wird das deutsche Fabricat dem Publicum, das betrogen sein will, als französisches oder englisches Fabricat aufgeschwatzt.

Noch überwiegt in Deutschland wohl das französische Prestige; mehr und mehr aber brechen sich bei uns englische und amerikanische Industrie, Sitte und Geschmacksrichtung Bahn. Was jetzt noch das Französische ist, wird auch für uns sehr bald das Englische sein, wenn der Geist unserer älteren Generation ungestört wie bisher fortwirthschaftet. Seit 100 Jahren haben wir mehr als irgend ein anderes Volk der Welt — die Negersklaven höchstens ausgenommen — zu Gunsten und im Dienste des englischen Stammes gearbeitet, und haben unsere auswandernden Culturkräfte demselben willenlos geopfert. Geht das so fort, dann wird allein schon die geistige Rückwirkung, welche wir von diesen unsern eigenen Culturkräften aus der englischen Welt in rasch steigendem Maße erhalten werden, dazu beitragen, auch Deutschland zu anglisiren. Dies wird jedenfalls wesentlich mit als eine Veranlassung dienen, daß wir Deutschen culturell schneller aufgesogen werden als das französische Wesen.

Am schnellsten aber wird unser alterndes Volk schließlich durch die innere Zersplitterung seiner Kräfte diesem Ende näher gebracht. Von dieser gefährlichsten aller Eventualitäten sind wir sogar noch sehr viel stärker bedroht als Frankreich. War nicht vor Kurzem noch die deutsche Nationalität nahe dran, auf diese Weise ganz von der Erde zu verschwinden?! Hatte nicht unser älteres Geschlecht in den ersten 60 Jahren dieses Jahrhunderts unsere völlige Auflösung schon fast geschehen lassen?! Helgoland war wie selbstverständlich den Engländern in die Hände gefallen, und auch in Hannover machte sich der Einfluß

Englands mehr und mehr geltend. Die Elbherzogthümer waren den Dänen fast wehrlos preisgegeben. Preußen entwickelte sich zusehends zu einer russischen Satrapie; und während der Süd-Westen Deutschlands überwiegend unter französischen Einfluß gerieth, waren und sind im Süd-Osten die Deutschen unter dem Habsburger Fürstenhause nur mit Slaven, Magyaren, Romanen und Italienern nationalitätslos zusammen gewürfelt.

Ein Theil des deutschen Volkes ist jetzt zu einem neuen Deutschland politisch geeint; aber auch diese politische Selbstständigkeit ist gegenwärtig noch in bedenklicher Weise gefährdet — ein stark aufgetriebener Sprößling, dem es bisher immer noch an dem rechten und genügenden Boden fehlt, auf welchem er wachsen und gedeihen könnte. Es ist eine eitle Täuschung und ein sehr verhängnißvoller Irrthum, wenn man glaubt, unsere Nationalität sei bereits innerlich consolidirt und widerstandsfähig geworden.*) Welche unserer bisherigen Errungenschaften ist es denn, die uns, wenn auch nicht culturell deutsch erhalten, so doch wenigstens national zusammen halten könnte, wenn einmal ein Zwiespalt unserer verschiedenen Stämme entstehen sollte?

*) Ein unverkennbares, in Ziffern sich darstellendes Symptom unserer jetzigen politischen Schwäche ist der verschwindend geringe Credit, den unsere Nation am Geldmarkte genießt. Von Frankreichs 24,798 Millionen Mark Schulden garnicht zu reden, hat doch das kleine England mit nur 35 Millionen Einwohnern circa 15,000 Millionen Mark Reichsschulden, und kann dennoch jeder Zeit am Weltmarkte irgend einen beliebigen Geldbetrag zu 3 % oder gar zu $2^{1}/_{2}$ % borgen, während wir 43 Millionen Deutsche mit nur 281 Millionen Mark Reichsschulden 4 % für dieselben zahlen müssen. — Diese, sowie die im Text folgende Darstellung ist eine kurze Zusammenstellung der weiteren Ausführungen in meiner Schrift „Ueberseeische Politik" (Hamburg 1881, L. Friederichsen & Co., pag. 120—140). Ich habe dort besonders auf die in unserm Volkscharakter begründeten Symptome unserer nationalen Schwäche hingewiesen, unsern Mangel an Einheit und Einigkeit, unsern Mangel an Reife und Mündigkeit und unsern Mangel an Selbstachtung und Selbstständigkeit. — Vergl. hierzu auch unsere, hier im ersten Abschnitte dargestellten, zerfahrenen Parteiverhältnisse. Als Lord Salisbury im Jahre 1878 vom Berliner Congresse nach London zurückgekehrt war, schilderte er in einer öffentlichen Rede folgendermaßen den Eindruck, welchen unser nationales Leben auf ihn und Lord Beaconsfield gemacht habe: „Wenn Sie auf das Ergebniß der letzten Wahlen daselbst blicken, so finden Sie, daß es dort 12 oder 13 Parteien im Staate giebt, d. h. daß Diejenigen, welche vorzugsweise berufen sind, die Ordnung und die Freiheit hochzuhalten — die gemeinsamen Ziele der gesammten Menschheit, welche jeder gute Bürger über alles schätzen wird — ihre kleinen Launen, Grillen und Skrupel nicht genügend unterdrücken können, um sich zu einer großen Organisation zu vereinigen und Dasjenige, was sie hochhalten sollten, zu vertheidigen. Es ist dies eine sehr bedenkliche Erscheinung und ein warnendes Beispiel für alle anderen Länder der Welt."

Etwa die Verträge, welche das deutsche Reich begründeten! — Sie können ebenso leicht gebrochen werden, wie dies mit ähnlichen Verträgen vor ihnen geschehen ist.

Oder das Uebergewicht Preußens in unserm Heer und unserer Flotte! — Dieses ist gerade der aller bedenklichste Gegenstand des Neides und der Eifersucht. Kann denn unsere Militärmacht sich selbst schützen, wenn sie einmal durch Haß und Zwietracht in sich zerfallen sollte?!

Oder unser Zollverein und unser Postwesen! — Daß solche wirthschaftliche Verkehrseinrichtungen ohne eine nationale Existenz unseres Volkes Bestand haben können, das beweisen die 28 Jahre des deutschen Zollvereins vor der Gründung des Norddeutschen Bundes.

Oder unsere Religion und das Bewußtsein unserer geschichtlichen Entwicklung! — Deutschland ist sicherlich unter allen Ländern der Welt confessionell wie culturell eine der buntesten Musterkarten.

Oder unsere Literatur, Kunst und Wissenschaft! — Daß die ideellen Leistungen großer Männer unser Volk nicht zu einer Nation vereinigen und national leistungsfähig machen, davon legen vor allem die trostlosen sechs Jahrzehnte unserer Geschichte vor 1866 hinreichend Zeugniß ab. Auch damals war die Begeisterung für unsere großen Männer im vollsten Maße lebendig, und doch war unser Volk dabei nur ein Spielball unserer glücklicheren Nachbarn, die unserer Schwärmerei spotteten und sich unsere rathlose Zerfahrenheit zu Nutzen machten.

Oder endlich unser Patriotismus! — Ja wahrlich, dieser könnte uns allerdings zusammenhalten und uns dauernd lebensfähig machen, aber nur der active, weit in die Zukunft schauende Patriotismus unseres „kommenden Geschlechtes“. Dieser allein ist ein wahrhaft lebendiger Patriotismus. Freilich hat auch der auf das eine ungetheilte Deutschland gerichtete Patriotismus unserer älteren Generation viel vollbracht; er allein war die Grundlage, welche erst die Schaffung des deutschen Reiches ermöglichte; und er kämpft noch heute nach Kräften gegen den allerschlimmsten Feind unserer Einigkeit, den Particularismus des deutschen Michels. Denn leider ist diese alte Schwärmerei für je eines „unserer 36 Vaterländer“ immer noch viel weiter in Deutschland verbreitet, als man öffentlich zugesteht, und sie ist sogar noch in manchen deutschen Patrioten selbst viel stärker und lebendiger, als diese es sich zum Bewußtsein kommen lassen. Ja, auch der beste deutsche Patriotismus unseres älteren Geschlechts ist im Grunde doch nur ein Local-Patriotismus, in sofern er sich aus schließlich an den heimatlichen Boden unseres Volkes heftet und sich an die bisherigen Grenzen des Vaterlandes bindet, die Möglichkeit einer dauernden Lebensexistenz unserer deutschen Nation aber ganz außer Acht läßt. An demjenigen Streben dagegen, welches nicht an der Scholle klebt, sondern nur die geistige Existenz unseres nationalen Lebens im Auge hat, an diesem Patriotismus erkennt man erst diejenigen Geister, welche zur „kommenden Generation" unseres Volkes gehören. „Es giebt bekanntlich für die Langlebigkeit eines Volkes kein besseres Förderungsmittel, als das Gefühl der Gegenwart für die Zukunft verantwortlich zu sein" (Roscher *). Dieses Gefühl eben ist es, was die kommende Generation vor unserm älteren Geschlechte voraus hat, und was sie besonders von diesem unterscheidet.

Es ist klar, wenn unsere Verhältnisse bis in's nächste Jahrhundert hinein so fortdauern wie jetzt, wenn die deutsche Nation sich nicht zu größeren Leistungen als bisher aufrafft, sich nicht jetzt eine breitere Basis ihrer selbstständigen nationalen Existenz schafft und sich fortan nicht zu allgemeinerer Bedeutung im Kreise der Civilisation emporarbeitet, — kurz, wenn das deutsche Volk nicht gegenwärtig sich in einem neuen kommenden Geschlechte von Grund aus regenerirt, dann wird die Gründung des deutschen Reiches nur das letzte Auflackern des Lebenslichtes unseres alternden Volkes vor seinem gänzlichen Erlöschen sein, dann werden deutsche Sprache, deutsche Wissenschaft und deutsche Kunst der langen Reihe älterer Culturformen beigezählt werden, welche überwundene Phasen der Vergangenheit darstellen, nur noch in den Erzählungen der Geschichte fortleben und der Nachwelt in todten Sprachen von solchen Völkerexistenzen Nachricht geben, die zu schwächlich und zu unverständig waren, um ihr eigenartiges Wesen im Kampf der widerstreitenden Culturelemente dauernd zur Geltung zu bringen und sich den Sieg des Ueberlebens zu sichern. — Der national-resignirende Pessimismus unserer älteren Kosmopoliten ist nur ein natürliches Vorgefühl solches kläglichen Endes unserer Nationalität. Er ist zugleich das lautest-redende Zeugniß der uns drohenden Gefahr und das deutlichste Anzeichen, an welchem sich die Größe dieser Gefahr ermessen läßt. Solche politische Resignation ist das allerbedenklichste Symptom nationaler Altersschwäche.

Alles, was ist, hat seine vorhergehenden zureichenden Ursachen. Begründet also ist solcher resignirende Kosmopolitismus für die Vergangenheit jedenfalls; es fragt sich jetzt nur, ob er auch im Hinblick

*) Wilhelm Roscher „Ansichten der Volkswirthschaft" Leipzig 1878 (3. Aufl.) I. Band pag. 45.

auf die Zukunft gerechtfertigt ist. Leider hat Herr Dr. Kapp darin vollkommen Recht, daß seine geistige Generation zu national-politisch unselbstständigen „Privatmenschen" herabgesunken ist, und es mag bis vor Kurzem noch wohl Manchem zweifelhaft erschienen sein, ob es je gelingen könnte, in den deutschen „Privatmenschen" wieder die Thatkraft national-politischer Initiative zu wecken. Die jüngere Generation aber will eben mehr als blos musterhafte „Privatmenschen" sein, und seitdem wir als Nation wiedergeboren sind, ist auch thatsächlich jeder von uns ein Pionier dieser Nation daheim und draußen in der weiten Welt. Wir überlassen es den Vätern, ihre wenig beneidenswerthe Rolle des „Diogenes" bis an ihr Lebensende fort zu spielen; gerne gönnen wir ihnen das zweifelhafte Glück ihrer rein „privatmenschlichen" Existenz, und wünschen ihnen um so bessere Erfolge als private Geschäftsleute, je mehr sie sich außer Stande fühlen, an den Staatsgeschäften national-politischer Initiative Theil zu nehmen.

Mit dem Wollen allein freilich ist es nicht gethan, und auch darin hat Herr Dr. Kapp vollkommen Recht „Ein Proceß, der Jahrhunderte gebraucht hat, um sich im Leben unseres Volkes zu vollziehen, kann nicht im Handumdrehen durch den guten Willen des Einzelnen umgestoßen oder gar ungeschehen gemacht werden" (pag. 129). Es wäre handgreiflich unwahr, wollte Jemand behaupten, unsere Nationalität sei durch irgend welche bisherigen Leistungen bereits für alle Zukunft gesichert, und wir könnten unsere nationale Lebensexistenz schon als „außer Gefahr" betrachten. Mit nichten! Was der 30-jährige Krieg des 17. Jahrhunderts an uns verdorben hat, das haben allerdings unsere Franzosenkriege des 19. Jahrhunderts wieder gut gemacht. Jetzt aber bleibt uns noch, die Zeit der verlorenen zwei Jahrhunderte wieder einzuholen, und dann erst gilt es, uns die Zukunft zu erringen. Dazu bedarf es fernerhin erst recht aller Anspannung unserer Kräfte, unseres Wissens und unseres Könnens, unserer Klugheit und unseres Gemeinsinnes. Gerade jetzt tritt an uns mehr als je die Frage heran:

Was kann uns retten?

IV.

Nothwendigkeit extensiver Culturpolitik.

»God help us for all nations of fools!«
Spectator (Februar 1879).

Es giebt zwei Arten des social-politischen Pessimismus, einen heilbaren und einen unheilbaren. Der letzteren Art mag wohl der russische Nihilismus sein; es wird in der That aussichtslos erscheinen müssen, eine nationale Cultur des russischen Volkes in einer absehbaren Zeit zu einer befriedigenden Stellung im Kreise der Civilisation erheben zu können. Heilbar dagegen erscheint der schwachwillige Pessimismus des älteren Geschlechts in Deutschland, da er sich naturgemäß schon in der kommenden Generation jugendlicher Geister abschleift und verwächst. Aber nur ein gemeinsames Handeln und Streben nach hohen und großen Zielen kann die volle Heilung bringen. Das gemeinsame Band der Liebe und des Interesses für das große Ganze der Nation, welche aus beiden Generationen zusammen besteht, ist gegeben; zu voller Befriedigung jedoch kann ein gemeinsames Handeln nur geschehen, wenn sich beide Ideenkreise mit einander verständigen und verschmelzen.

Dieses ist auch für die Männer unseres jüngeren Geschlechts eine unerläßliche Forderung; und auch sie haben ihrerseits Manches zur Erfüllung derselben beizutragen. Die Kraft und Lebensfähigkeit unserer Nationalität beruhen wohl hauptsächlich auf ihrem Nationalgefühl und ihrem Nationalwillen. Sind diese aber auch noch so frisch und kräftig, sie werden erst praktisch leistungsfähig durch die reale Basis einer richtigen Erkenntniß der Sachlage.

Um bei uns zu einer richtigen Würdigung der Verhältnisse zu gelangen, gilt es den Extremen beider sich gegenüberstehenden Richtungen entgegenzutreten, dem resignirten Pessimismus der Einen und der optimistischen Täuschung der Anderen. Nur wenn auch letztere Stimmung auf ihr rechtes, der Wirklichkeit entsprechendes, Maß reducirt wird, nur wenn man zu übersehen im Stande ist, wie lang und wie schwierig der Weg ist, den wir vor uns haben, erst dann wird die Willenskraft der Nation sich zu genügender Stärke der Leistungsfähigkeit erheben. — Oder ist solche Einsicht etwa entbehrlich?

Was anders als der Mangel eben dieser Einsicht unseres Volkes ist denn der Grund der allbekannten rapiden Entnationalisirung des Deutschthums im Auslande?!

Allerdings mehrt sich die Zahl der dem kommenden Geschlechte der deutschen Nation Angehörigen auch im Auslande. Woher aber kommt es, daß man noch so oft, namentlich in Nord-Amerika, Deutsche der älteren Generation und Kinder solcher deutschen Eltern trifft, welche sich ihrer deutschen Herkunft schämen und meist die erbittertsten Gegner des Deutschthums sind? — Dort draußen gehen den Leuten erst die Augen auf über die culturpolitische Winzigkeit unserer Nation innerhalb des großen Ganzen der Weltcultur. Hier daheim meinen die Leute meist, mit der Gründung des deutschen Reiches sei diese Thatsache geändert. Kaum um ein Haar! Freilich könnte jetzt die deutsche Nation wohl recht Vieles thun, was ihr früher nicht möglich war; aber was hilft dieses Können, so lange sie es nicht thut?! Unsere Reichsregierung hat allerdings in der kurzen Zeit unseres nationalen Bestehen schon manchen günstigen Einfluß nach außen geübt und manche Schande unserer Nationalität verhütet. Doch was nützt solches edle und energische Streben; was nützen selbst die besten Kräfte der Gesammtheit, wenn *diese* keinen Gebrauch davon macht.

Die besten, tief innerlichen, *culturellen* Elemente unseres deutschen Wesens traten, und treten auch heute noch, keineswegs zu Tage; sie verbergen sich gerade im Auslande nur zu oft hinter einer rauhen, unbeholfenen Form. Die große Masse der deutschen Einwanderer in Amerika nnd in den brittischen Colonien sticht gegen die dort einwandernden Engländer, Schotten, Franzosen oder andere Völkertypen oft sehr unvortheilhaft ab durch die mangelnde Gewandtheit ihres Auftretens und durch das mangelnde Selbstbewußtsein ihrer äußeren Erscheinung. Die gebildeten oder doch bereits im Fremdlande geistig acklimatisirten Deutschen, welche diesen Unterschied empfindlich bemerken, fühlen sich alsdann oftmals genirt, zugestehen zu sollen, daß sie mit diesen sogenannten »Dutchmen« zu einer Nationalität gehören. Die äußere Erscheinung unseres Volkstypus also erhöht den Werth unserer Nationalität im Auslande nicht; außerdem aber giebt es in den Augen der meisten Menschen nur noch *einen* Maßstab, um ihren Werth zu ermessen. Das ist der culturpolitische Einfluß der Nationalität. In diesem Puncte aber erscheint Deutschlands Macht, nach wie vor, immer noch wie ein Zwerg im Vergleich zu dem Riesen der brittischen

Weltmacht, oder wie ein Kind im Vergleich zu dem jugendlichen Prometheus der Vereinigten Staaten. Da nun unser deutsches Volk daheim bisher diesen ungeheuren Abstand überhaupt noch kaum fühlt geschweige denn denselben anerkennt, so ist eben nicht zu verwundern, daß solche Deutschen, die im Auslande sich dieses überwältigenden Eindrucks nicht erwehren können, an dem Wachsen dieses kindlichen Zwerges unserer Nationalität ungeduldig verzweifeln; und solche Hoffnungslosigkeit schlägt nur zu leicht in übertriebenen Haß und Verachtung um. Sehen wir nicht ganz denselben Seelenvorgang auch hier in Europa, wo manches intelligente Aufwärtsstreben, erdrückt durch die Schwerfälligkeit ängstlich beschränkter Verhältnisse, in gehässigen Nihilismus umzuschlagen pflegt?!

Die nationalen Optimisten unserer jüngeren Generation lähmen durch ihre mangelnde Erfahrung und Fachkenntniß unsere nationale Leistungsfähigkeit fast so sehr, wie der rathlos verzagte Pessimismus des älteren Geschlechts. Jugendliche Ueberhebung und mangelnde Einsicht in die Schwächen und Schwierigkeiten unserer Sachlage verleitet sie auch oftmals, Unbilliges von der älteren Generation zu verlangen. So erscheint ihnen wohl bei unsern nordwest-deutschen Großhändlern der mangelnde Sinn für national-politische Initiative und das Mißtrauen in die werdende Macht unserer Reichsregierung unbegreiflich. Sie vergessen, daß diese Männer ihre Erfahrung, ihr Vermögen und ihre Weltstellung nur durch ihre eigene Thätigkeit und die ihrer Väter haben werden und wachsen sehen. Kann man es ihnen denn da verargen, daß sie auf solche Leistungen ihrer Energie und ihrer Culturkraft stolz sind?! Daß danach ein Fortschritt des großen Ganzen über solche, auch noch so eminente, Leistungsfähigkeit kleinerer Kreise hinaus unmöglich sei, das ist damit ja nicht behauptet. Wenn aber jene Männer abwartend von der deutschen Nation und ihrer Regierung verlangen, daß sie erst durch die That beweisen sollen, daß auch dieses nationale Ganze ähnliche oder gar größere Culturkräfte solches Welthandelsgeistes in sich schlummern habe: wird man diesen Männern praktischer Erfahrung so ganz unrecht geben können?! Sollen sie sich etwa ohne solche Garantien vertrauensselig einer ungewissen Zukunft hingeben?! — Alles was die deutsche Nation von diesen, wie von allen andern ihrer Glieder, fordern kann, ist, daß sie anerkennen, daß auch die werthvollsten Leistungen, welche sie als Privatleute vollbringen, an und für sich nicht den mindesten Werth für die politische Nationalität des deutschen Volkes haben und daß sie nach Kräften ihren erfahrenen Rath und ihren praktischen Beistand zu jeder nationalen Culturpolitik leihen sollen. Das aber muß unsere Nation von allen ihren Angehörigen fordern. Denn allerdings, so wenig wir die Zukunft unserer Nationalität schon jetzt für gesichert halten dürfen, so wenig Grund ist vorhanden, an derselben zu verzweifeln.

Unstreitig sind gerade in unserm Volke einige der zu solchem Aufschwunge erforderlichen Kräfte vorhanden, welche sich sonst unter unsern Nachbarvölkern in ähnlicher Weise nur bei den Britten finden. Ich denke hierbei an die eiserne Zähigkeit, die ausdauernde Geduld, das energische Ergreifen des abgewarteten Momentes und vor allem das Organisationstalent, welches unsere Nation bereits mehrfach in hervorrageuder Weise bewiesen hat. Ebenso unstreitig aber fehlt dennoch unserm Nationalcharakter bisher noch Etwas, was offenbar dem englischen Stamme größeren Erfolg in der Welt verschafft hat, als uns. Es ist dies das fast unbegrenzte Maß von Nationalgefühl, welches sich in jedem rechten „Angelsachsen" zeigt, sei es als politische Tüchtigkeit oder als Brutalität, sei es als echte Männlichkeit oder als barocke Originalität, sei es als splienige Hartnäckigkeit oder als gesunde Unverschämtheit*). Der Engländer ist stets in erster Linie

*) Vergl. hierzu die vortrefflichen Ausführungen des Herrn Dr. Jannasch in seinen Reden vor dem ersten handelsgeogr. Congresse („Bericht über die Verhandlungen" pag. 2 und 23): „Der Engländer bleibt auch im Auslande der heimatlichen Sitte und der heimatlichen Gewohnheit getreu; er ist und bleibt der beste Consument für die Erzeugnisse der englischen Industrie. Wo immer er auch sich aufhält, hat er dieselben culturellen Bedürfnisse wie in der Heimat; er bebaut das Feld, die Werkzeuge, welche er dazu braucht, bezieht er aus dem Mutterlande; er gründet Städte, baut Eisenbahnen und richtet Dampferlinien ein, die Maschinen, deren er zum Betriebe derselben gebraucht, bezieht er aus England. — Gleichviel, ob Sie ihm an den Gletschern der Schweiz begegnen, oder ob er sein Domicil in Ost-Indien aufschlägt — er tritt in seinen Lebensanforderungen überall schroff — lassen Sie es mich richtig bezeichnen — er tritt unverschämt auf! Aber diese Unverschämtheit hat vom Standpunkte der national-wirthschaftlichen Interessen etwas Herzerquickendes und ist für den englischen Handel und die englische Industrie eminent vortheilhaft! Durch die Anmaßung, mit welcher der Engländer verlangt, daß seinen Gewohnheiten Rechnung getragen werde, wird er Pionier für die englischen Handelsinteressen und zwingt das Ausland, Rücksicht zu nehmen auf seinen Geschmack. Er trägt genau den Schnitt der Kleidung in Adelaide und in Sydney, wie er ihn in London trägt; er verlangt englische Stoffe zu seiner Kleidung, seine ganze Hauseinrichtung ist in den Colonien dieselbe wie in der Heimat. Meine Herren, ich wünschte, daß wir Alle, wenn wir in's Ausland gehen, eine gleiche Anhänglichkeit an unsere Institutionen und an die heimatlichen Sitten und Gebräuche bekunden und bethätigen möchten und, wenn es sein muß, noch viel schroffer als der Engländer auftreten, dem wir so häufig vorwerfen, daß er anmaßend sei, wenn er uns mit seinem englischen Ge-

Engländer, und ebenso ist der Nord-Amerikaner stets der ausgeprägte Typus seiner Nationalität; danach erst kommt bei ihnen der Mensch zur Geltung. Sie beide sind echte „Angelsachsen", wo immer in der Welt und in welcher Lage des Menschenlebens sie sich auch befinden mögen. Der Deutsche älterer Generation dagegen ist draußen in der großen Welt nur Mensch oder, wie Herr Dr. Kapp sehr richtig sagte, „Privatmensch"; er wagt es in der Regel auch in zweiter Linie kaum, ein Deutscher zu sein und als Deutscher zu gelten.

Unsere ältere geistige Generation hat sich gewöhnt, die englischen und amerikanischen Staats*formen* als begehrenswerth anzusehen und diesen Vorbildern als den erlösenden Formen der eigenen nationalen Entwicklung nachzustreben. Erst in der jetzt heraufkommenden Generation unseres Volkes aber erwacht unser eigenes Nationalgefühl; und dadurch erst wird der bisher in uns schlummernde Nationalcharakter echt germanischer Männlichkeit, dem die brittische Nation sowie die Vereinigten Staaten ihre culturelle Bedeutung verdanken, auch in unserer Nation zur Geltung kommen. Ohne diesen Nationalcharakter hätten die Formen des socialen und politischen Lebens in England und Amerika sich gar nicht gestalten können; und, hätten sie selbst ohne diesen Charakter entstehen und bestehen können, so wären sie doch ohne denselben dort wie hier nur ein leeres, werthloses Gefäß gewesen. Daß aber die Keime eben *dieses* Nationalcharakters in unserm Volke vorhanden sind, würde auch dann nicht bezweifelt werden können, wenn sich dieselben in unserem jüngeren Geschlechte noch nicht zeigten. Der Geist und die Kraft der alten Hansa war im Stillen sogar in der älteren Generation mächtig. Das haben zu allen Zeiten die Leistungen einzelner Männer bewiesen. Diese Keime gilt es zu nähren und zu entwickeln.

Ist noch Jemand zweifelhaft, wie dies geschehn solle: Eine gleiche Uebung und Bethätigung dieser Kräfte, wie sie dem englischen Stamme zu Theil wurde und wird, diese allein kann uns den gleichen Vortheil bringen. Unsere wirthschaftlichen und culturellen Leistungen müssen in demselben nationalen Sinne geschehen. Wir müssen die Unternehmungen unserer Intelligenz, unseres Capitals und unserer Arbeitskraft auf rentablere, jüngere Länder ausdehnen und müssen

---

schmack und Eigenthümlichkeiten belästigt." Die gute Seite dieses englischen Wesens findet sich jetzt immer allgemeiner anerkannt und immer häufiger hervorgehoben, aber auch in früheren Zeiten ist öfter auf dieselben hingewiesen worden, sogar in Werken, wo man dergl. kaum suchen würde. Ich erinnere hier nur beiläufig an den Schluß von *Merivale's* »Lectures on Colonization« (London 1841) und an den Anfang von *Liebig's* „Agricultur-Chemie" (Braunschweig 1862).

diese Gebiete dem deutschen Wesen und der deutschen Sprache gewinnen und erhalten. Indem wir auf diese Weise unsern Nationalcharakter draußen in der weiten Welt stärken, heben wir denselben auch daheim, denn die Rückwirkung solcher extensiven Bethätigung der Nationalität hat auch den englischen Nationalcharakter erst zu dem gemacht, was er heute ist. Es kann nicht ausbleiben, daß auch das nationale Leben und Bewußtsein in Deutschland durch solche extensive Culturpolitik wesentliche Kräftigung erfahren würde. Schaffen wir unserer Nation nur thatsächlich den erforderlichen Raum *) zu ihrer freien, selbstständigen Entwicklung, dann bilden wir dadurch auch zugleich in uns selbst die Kraft aus, auf dieser Basis weiter zu bauen.

Das Annectiren und Occupiren überseeischer Länder hat allerdings an und für sich nicht den mindesten Werth für die betreffende Nationalität, wenn sie dieselben nicht zu verwerthen versteht; es kann sie alsdann sogar lächerlich machen, wie dies einer uns benachbarten Nation zu wiederholten Malen geschehen ist. Dadurch aber, daß wir uns solche Gebiete wirthschaftlich zu eigen machen und auf denselben culturelle Leistungen vollbringen, können wir unsere Nationalität nach innen wie nach außen stärken. Dadurch allein können wir uns neben anderen Nationen zur Geltung bringen; dadurch allein können wir möglicher Weise auch die Achtung, welche andere Nationen vor uns haben, in Sympathie verwandeln. Solche Leistungen allein setzen uns schließlich in den Stand sogar andere Nationalitäten in die unsere aufzusaugen, und sichern uns vor der Gefahr selbst von einem andern Stamme absorbirt zu werden.

An dem Beispiele Englands sehen wir wie durch die Vortheile solcher extensiven Culturpolitik die Stärke und Bedeutung des englischen Stammes lavinenartig wächst. Eine beständige wechselseitige Beeinflussung der inneren Kräfte der Nation durch ihre äußeren Leistungen, und umgekehrt desgleichen, ist die stetig wirkende Ursache solcher Steigerung der Nationalität; freilich nicht eine so mechanisch gedachte Wechselwirkung der Erfordernisse einer wachsenden Kriegsmarine und des wachsenden Colonialbesitzes, wie Herr Dr. Kapp dieselbe scherzhaft ausführte (pag. 135), sondern eine organische Wechselwirkung zwischen den wachsenden Culturkräften der Nationalität und ihren culturellen Leistungen. Erfolge in überseeischen Ländern werden das Selbstvertraun und die Selbstständigkeit unseres Volkes heben; das Ansehn,

---

*) Die englische Sprache bezeichnet diesen Begriff sehr treffend mit dem bildlichen Ausdrucke „sich Elbogen-Raum schaffen“.

welches unsere Nationalität durch dieselben im ganzen Kreise der Civilisation gewinnt, werden unser Nationalgefühl und unsern Nationalstolz steigern, der Zuwachs an Capital und Kräften, den wir dadurch erlangen, wird nicht nur unsere Leistungsfähigkeit erhöhen, sondern uns auch um so mehr zu neuen, größeren Leistungen zwingen und drängen. Auf solche Weise allein sichern wir unserer Nationalität eine dauernde Lebensexistenz unter den hervorragenden Culturtypen des Menschengeschlechts.

Jedoch nicht der Fortbestand unserer Nationalität allein fordert eine extensive Entwicklung unseres Culturlebens, sondern auch das innere, geistige und wirthschaftliche Gedeihn desselben. Wollten wir selbst die Zukunft unserer Sprache und unseres Volkstypus, das lebendige Fortwirken deutschen Geistes, deutscher Wissenschaft und deutscher Kunst preisgeben, so bedürfen doch unser Volksleben und unsere Volkswirthschaft an und für sich schon eines kräftigen und dauernden Aufschwungs und eines frischen Luftzuges von außen. Welcher Art sich die, der eigenen Nationalität erworbenen, überseeischen Länder auch gestalten, der wirthschaftliche und geistige Zu- und Rückfluß zwischen diesen und ihrem Stammlande ist bei den heutigen Anforderungen der Civilisation für das culturelle Gedeihen einer europäischen Bevölkerung geradezu unerläßlich geworden. Sehr treffend schildert Herr Dr. Fabri diesen belebenden Einfluß in seiner bekannten Colonialschrift: „Wo ist in England ein größerer Familienkreis, der nicht irgendwo in den weltumspannenden brittischen Colonien manche seiner nächsten Angehörigen in den verschiedenartigsten Lebens-Stellungen hätte! Welche Fülle von Wirkungen auf den Geist der Nation liegt in dieser einen, nun seit Jahrhunderten wirkenden, Thatsache! Wie sie dem Interessenkreise den Blick erweitert, so stählt die Vertrautheit mit der See und die Nothwendigkeit, sich in den verschiedensten Lebenslagen zurechtzufinden, die Kraft des Charakters und verleiht unsern angelsächsischen Vettern jenen praktischen Blick und jene Sicherheit des Auftretens, durch welche sie sich so bestimmt von den Bewohnern unserer Continental-Staaten abheben. In einer durch Liebenswürdigkeit bestechenden Außenseite erscheint diese nationale Charakter-Eigenthümlichkeit freilich selten; aber wer näher in Art und Wesen derselben einzudringen Gelegenheit findet, entdeckt auch unter der oft knappen und abstoßenden Erscheinungsweise meist einen großen Fond von Tüchtigkeit, von Verlässigkeit und Kraft. Es ist beachtenswerth, daß in Deutschland nur in unsern Hansestädten, in

Hamburg und Bremen, mit ihrer kaufmännischen Intelligenz, ihrem Unternehmungsgeiste, ihrer Tüchtigkeit zur See und ihren ausgebreiteten überseeischen Beziehungen die Aehnlichkeit des brittischen Nationalcharakters uns in anziehender Weise gleichfalls entgegentritt."*)

Aber noch in directerem Maße ist ein erweitertes Feld nationaler Bethätigung gegenwärtig für Deutschland ein dringendes Bedürfniß.

Die sämmtlichen Kräfte unserer Volkswirthschaft kranken an der räumlichen Beschränktheit unseres Wirthschaftslebens. Bei uns handelt es sich nicht, wie bei unsern westlichen Nachbarvölkern nur gelegentlich um akute Absatzkrisen, unsere nationale Production leidet vielmehr chronisch an der Vollblütigkeit ihrer Säfte und Kräfte. Alle Classen unserer Bevölkerung, die kopfarbeitenden so gut wie die handarbeitenden, und nicht weniger unser Capital, suchen vergeblich nach befriedigender und rentabler Verwendung innerhalb unseres heimischen Wirthschaftsgebietes. Vieles, was zur Verbesserung der Lage unserer Industrie und unseres Handels geschehen konnte, ist geschehen und in mancher Hinsicht auch durchaus nicht ohne Erfolg. Dabei haben wir Schulen über Schulen angelegt, und die Vervollkommnung unseres Erziehungswesens ist sehr vortrefflich und human. Aber hat die große Masse unseres Volkes wesentlich dadurch gewonnen? Ist anzunehmen, daß unser Volksleben überhaupt dabei gewinnen wird? — Ich hoffe es, ich glaube es auch; aber freilich sieht man von den guten Früchten dieser Pflanzstätten der Cultur jetzt noch recht wenig. Diejenigen Früchte, welche uns bisher von diesem Baume der Erkenntniß herabgefallen sind, waren in der That sehr bitter, Arbeitslosigkeit, Unzufriedenheit, Zunahme der Verbrechen und die Socialdemokratie. Aber warum haben wir denn gerade diese, und so wenig andere Früchte gesehen? Ist dies etwa eine Folge der Verbesserung des Schulwesens an sich? Ist etwa die Entwicklung der Culturkräfte als solche verwerflich? -- Gewiß nicht! Nur ein niedrig gesinnter Mensch wird dieses denken oder gar verfechten. Nein, es fehlt vielmehr nur diesen Culturkräften an dem wirthschaftlichen Boden, auf welchem sie Wurzel schlagen, wachsen und gedeihen können. Daher diese Mißgeburten! In England **) und in Holland zeigen sich doch dergleichen Er-

*) Vergl. Dr. Friedrich Fabri „Bedarf Deutschland Colonien?" (Gotha, 1879) pag. 40 und 41.

**) Gegen diese Argumentation bemerkte das „Bremer Handelsblatt" in seiner No. 1530 vom 5. Februar 1881: „England verdankt sein bisheriges Befreitsein von der Socialdemokratie seiner alten Gewöhnung an Freiheit und Selbstverwaltung, welche auch die industriellen Arbeiter zeitig zu beharrlicher mannhafter Selbsthülfe in Gewerkvereinen, Genossenschaften und Hülfscassen greifen ließen." — Gewiß, scheinungen nicht, dort weiß doch fast jede Arbeitskraft befriedigende Arbeit zu finden; unsere in ihrem Wachsthum künstlich forcirten Culturkräfte aber entbehren der entsprechenden Verwendung in normalen

---

diese specifisch angelsächsischen Erscheinungsformen der Selbstständigkeit und Selbstverwaltung sind es, welche ein gleichzeitiges Aufkommen pessimistischer Hoffnungslosigkeit proletarisch verkommender Culturkräfte ausschließen. Aber es handelt sich ja nicht darum, in wiefern die Engländer anders gestellt sind als wir, sondern weshalb und wodurch sie so gestellt worden sind. Was sind die Ursachen, welche ihnen diese Charaktereigenschaften der Selbstständigkeit und Selbstverwaltung „angewöhnt" und in ihnen ausgebildet haben? Daß dies erst durch die extensive Cultur-Entwicklung der brittischen Nation geschehen sei, wurde bisher allgemein und wird auch jetzt noch von unsern tonangebenden Volkswirthen (siehe die Resolutionen des 19. Congresses) radical bestritten. Ich habe diese Thatsache aber in meiner „Ueberseeischen Politik" nach Ansicht eben desselben „Bremer Handelsblattes" No. 1523 so überzeugend nachgewiesen, daß dasselbe sogar meinte, „manche dieser statistischen und historischen Beweisführungen des Buches seien unnöthig, weil sie nur erhärten, was ohnehin Niemand anzweifeln wird. Der Satz zum Beispiel, daß bei gleicher innerer Kraftentwicklung zweier Völker dasjenige reicher und mit der Zeit auch mächtiger werden wird, welches nach außen hin mehr Kraft entwickelt, braucht nicht erst bewiesen zu werden: er leuchtet von selbst ein." Wie wenig jedoch diese Thatsache dem deutschen Publicum vordem einleuchtete, beweisen schon die verschiedenen Samoa-Reden unserer älteren Parlamentarier im Reichstage und ebenso die Wiederspiegelung dieser Debatten in Herrn Dr. Kapps Worten, daß „die Samoa-Debatte auch dem unschuldigsten Leser die Verderblichkeit einer extensiven Entwicklung unserer Nationalität klar gemacht habe." Daß jetzt sogar das „Bremer Handelsblatt" selbst wieder diesen Vortheil extensiver Entwicklung bestreitet, ist um so auffallender, weil dasselbe in jenem ersten Artikel sogar meine Argumentation selbst vollständig zu seiner eigenen machte: „Solche Abgabe aus den Reihen der intelligenten und energischen Elite des Volkes nütze, weil diese sich sonst im Innern stoßen und bedrängen, zu viel Concurrenz um die vorhandene Macht eröffnen würden; dieser Punkt sei in Frankreich eingetreten, woher die vielen Umwälzungen und Staatsstreiche, in England aber durch Gründung überseeischer Staaten und (in Folge davon) „durch bessere Vertheilung der Thatkraft in freier Selbstverwaltung und Volksrepräsentation glücklich vermieden worden." Allerdings haben sich die dazu erforderlichen Charaktereigenschaften des englischen Volkes in langsamer, innerer Entwicklung und unter schweren Kämpfen vom 13. bis zum 17. Jahrhundert herausgebildet. Noch im 16. Jahrhundert jedoch standen Wohlstand und Cultur in Deutschland viel höher als in England, und die Freiheit und Selbstständigkeit des Bürgerthums in den deutschen Städten war damals der ganzen civilisirten Welt weit voran. Während dann aber das deutsche Volk in seinen unaufhörlichen Kämpfen des 17. Jahrhunderts zerrüttet und zerfleischt wurde, gedieh der englische Wohlstand und reiften die englischen Culturkräfte durch die extensive Entwicklung des Volkes so schnell heran, daß dasselbe an activer Culturfähigkeit sehr bald alle anderen europäischen Nationen übertraf. Ebenso sind ihrer Zeit die Holländer und vordem auch die Hanseaten emporgekommen. Durch ganz dieselben äußeren Ursachen wuchs ihr Wohlstand und wurden ihnen die gleich tüchtigen inneren Culturkräfte „angewöhnt".

Verhältnissen. Sie sind den vorhandenen Culturmitteln unseres Volkes über den Kopf gewachsen, und zwar so sehr, daß wir in der größten Noth unserer Culturexistenz sogar wieder zu dem mittelalterlichen Zwange von Ausnahmsgesetzen und physischer Gewalt zurückzugreifen gezwungen sind. Wir haben die Bedürfnisse und die geistigen Ansprüche unserer Volksmassen übertrieben gesteigert, ohne daran zu denken, ob wir ihnen auch Befriedigung ihrer Bedürfnisse und Ansprüche schaffen können. Wir haben ihre Unzufriedenheit und ihre Noth verschuldet; wir selbst tragen die Verantwortung für dieses unser Verschulden. Die unglücklichen Volksmassen waren nur die Objecte unserer einseitigen Cultur-Experimente, und kein ehrlicher Mann wird jetzt schwächlich die Schuld auf diese Volksmassen, oder auf ein „unabänderliches Geschick" oder irgend einen anderen Sündenbock abzuwälzen suchen. Unsere Pflicht ist es zunächst, die Wahrheit der Thatsachen anzuerkennen und einzusehen, daß wir nach den Leistungen der letztherrschenden Generation nicht etwa jetzt selbst-befriedigt die Hände in den Schooß legen können, sondern daß die riesige Culturarbeit der Zukunft bisher erst an einer kleinen Ecke angefangen worden ist, daß wir viel Versäumtes wieder gut zu machen haben, und daß das Tagewerk unserer deutsch-nationalen Cultur noch fast ganz und gar vor uns liegt.

Die jetzige Gefährlichkeit der gährenden, proletarischen Arbeitskräfte unseres Volkes liegt doch lediglich in der Negativität ihrer Bestrebungen. Erfüllt man positiv, soweit es möglich ist, ihr Verlangen nach einer „menschenwürdigen Existenz", ein Verlangen, das wir selbst in bester Absicht in ihnen geweckt haben, dann wird der Agitation der Boden unter den Füßen entzogen werden.

Wie groß aber die „menschenunwürdige", d. h. hoffnungslose Noth unseres Volkes in der That ist, und wie schwer die unmittelbaren Folgen dieser überhandnehmenden Verarmung auf unseren Gemeinwesen lasten, davon haben die meisten wohlhabenden und tonangebenden Kreise unserer Bevölkerung wohl nur eine ungenügende Vorstellung. Bei Gelegenheit einer Interpellation in der würtembergischen Kammer wurde festgestellt, daß in Deutschland ca. 200,000 Vaganten sind, die jährlich bis zu 120 Millionen Mark Unterstützung erfordern. Neben dieser Armuth, die von Ort zu Ort zieht, ist auch die, welche ihren festen Wohnsitz hat, nicht weniger stark. Stuttgart allein giebt für diese Armen 160,000 Mark jährlich aus, Hannover 179,000 Mark, Hamburg 750,000 Mark, Berlin 3½ 4 Millionen Mark. Wie viele Millionen werden nun alle Städte in Deutschland zusammen für solche Armen zu bezahlen haben?! Zu diesen zwei Classen von Armen tritt ferner die, welche nicht die öffentliche Unterstützung, sondern die Privatwohlthätigkeit in Anspruch nimmt; sie tritt weniger äußerlich hervor als die zwei ersten Classen, ist aber dennoch eine sehr fühlbare Bürde für das Gemeinwesen. Diese drei Classen von Armen haben indessen schon bisher in Deutschland bestanden, zeitweise weniger, zeitweise mehr hervortretend. In der Gegenwart jedoch ist noch eine weitere Classe der Bevölkeruug durch die zur Permanenz gewordene schlechte Zeit genöthigt, ihre sauer erworbenen Ersparnisse aufzuzehren und rückt dadurch mit jedem Tage der Armuth näher. Diese Armuths-Candidaten sind für die Behaglichkeit des Gemeinwesens weit gefährlicher als die notorisch Armen; denn gerade durch sie greift die innere Zerrüttung des Volkslebens um sich, ohne daß die Träger des Gemeinwesens sich dieses Vorgangs klar bewußt werden. Wie stark diese Classe von Armuths-Candidaten ist, kann kaum festgestellt werden; dennoch lassen einige Anhaltspunkte auf eine große Zahl derselben schließen. So wurde in der würtembergischen Kammer darauf hingewiesen, daß in dem kleinen Würtemberg allein 80 Eisenbahn-Ingenieure brotlos sind. Zu dieser Classe der Bevölkerung gehören ferner nicht nur die Brotlosen, sondern auch die, welche zwar Beschäftigung haben, jedoch nicht für ihren Lebensunterhalt ausreichend belohnt sind. Diese Thatsache, daß ein großer Theil des Mittelstandes, des Kerns der Bevölkerung, sich der Armuth zutreiben sieht ohne Aussicht auf Hülfe, ist die Ursache der allgemeinen Unzufriedenheit in Deutschland. Verzweiflung bemächtigt sich mehr und mehr dieses Mittelstandes; er sieht kein Ende der schlechten Zeit und verliert die Hoffnung auf eine bessere Zukunft — den Glauben an das Vaterland. So kommt es, daß dieser zum Proletariat herabsinkende Mittelstand auch das stärkste Contigent zur deutschen Massenauswanderung nach Nord-Amerika stellt. Er flieht vor der ihm drohenden Armuth. Er sieht, überkommen von nervöser Furcht, in jeder Wolke, welche den Weltfrieden trübt, in jedem neuen Steuerprojecte, in jedem Fallissement eines Nachbars, in jeder Arbeitseinstellung um ihn her Furien, die auch ihn in den Abgrund der Armuth stürzen werden*).

Ebenso wie diese niederen Kräfte unseres Volkes kranken und in der schwülen Luft unseres engen Wirthschaftslebens zu ersticken drohen, so leiden auch unsere höheren, geistigen Arbeitskräfte. Sehr treffend schilderte Herr Professor Dr. Adolf Wagner auf dem handels-

*) Vergl. die „Freundschafts- und Handels-Beziehungen" Nr. 4, Stuttgart 23. Januar 1881, pag. 15.

geographischen Congresse *) die gegenwärtigen Zustände unserer „gebildeten“ Gesellschaftsklassen: „Die Zunahme der Studenten an den Universitäten ist für uns Professoren in mehr als einer Beziehung etwas sehr Angenehmes, aber für das ganze Volk in mehr als einer Beziehung etwas Bedenkliches. Wenn in Berlin 3- bis 4000 Studenten sind, mehr als doppelt so viel, wie vor 15 Jahren, und auch die übrigen Universitäten an Frequenz ähnlich zugenommen haben, so fragt sich: ist im Verlauf eines halben Menschenalters das Bedürfniß nach doppelt so vielen Leuten, welche die Universitäten durchlaufen, auch doppelt so groß geworden? Ich antworte darauf: im Großen und Ganzen nein! Wir haben schon wieder in Preußen 3000 Referendare und in wenigen Jahren wird es mit dem „unbesoldeten Assessor“ ebenso stehen, wie vor nicht langer Zeit! Ganz so verhält es sich auch auf anderen Gebieten mit dem Angebot geistiger Kräfte. Ferner der technische Beruf, — da wird man sagen: ja, die wirthschaftliche Krisis bewirkt, daß weniger Leute begehrt werden. Aber auch hier ist das Angebot in normalen Zeiten größer als die Nachfrage. Ich weise auch auf die jungen Kaufleute hin. Unsere Militärverfassung, die Institution der Einjährig-Freiwilligen, drängt sehr darauf hin, daß junge Leute der unteren Mittelstände bis zur Secunda die Schule besuchen; dann wollen sie freilich nicht mehr Handwerker werden, sondern Krämer, Kaufleute, kurz in die liberalen Berufe übergehen. Im Baufach soll die Lage eine ganz ähnliche sein. Kurz, wohin wir sehen, werden wir einen Kräfteüberschuß gewahr, und das zeigt, daß eine relative Uebervölkerung vorliegt.“

In allen Classen unserer Bevölkerung ist die Concurrenz auf Leben und Tod in unheilvoller Schärfe entbrannt; die Unbehaglichkeit, die gesteigerten Ansprüche und die Hoffnungslosigkeit aber werden mit der wachsenden Bildung des Geistes stets in unverhältnißmäßig stärkerem Maße gefühlt. In den „gebildeten“ Kreisen sind es nicht nur die materiellen Bedürfnisse des Lebens und Strebens, sondern auch das Wissen und Können selbst, welche dem Menschen zur erdrückenden Last

*) Vergl. den „Bericht über die Verhandlungen ꝛc.“ pag. 18 und ferner auch die 7 Artikel desselben Gelehrten über „Volksvermehrung und Auswanderung“ in den Beilagen zu den Nrn. 160, 162, 163, 164, 165, 168 und 170 der „Allgemeinen Zeitung“, Augsburg im Juni 1880. Diese eingehende und sehr interessante Darstellung unserer jetzigen Auswanderungsverhältnisse gipfelt in dem Satze (pag. 2482 in Nr. 170): „Wir sind unter solchen Umständen (bei unserem großen Volkszuwachse, aber geringem Wohlstande und daher stark überwiegenden Verwendung unserer Culturarbeit für die Aufziehung der Jugend) leider großentheils nur die Kinderstube und Schulstube der Welt, namentlich auch für Amerika.“

werden. Wissen ist Macht, und jedes geistige Können steigert das befriedigende Kraftgefühl des Menschen; aber doch nur dann, wenn solches Wissen und Können Verwendung finden, wenn die Möglichkeit, solche Geistesmacht auszuüben, vorhanden ist. Der hoch entwickelte Culturmensch auf das öde Eiland im endlosen Meer verschlagen, entbehrt dort mehr als der rohe Naturmensch; er leidet schwere Pein, wo dieser ein paradiesisches Dasein führt. In ähnlicher Lage befinden sich auch die Geisteskräfte, welche in den trostlosen Verhältnissen ihres eigenen Vaterlandes ohne Hoffnung auf Bethätigung und Fortentwicklung bewußtermaßen verkommen.

Alle diejenigen Kräfte, welche die Schaffung und Entwicklung eines reichen mächtigen Culturlebens auf freiem, geeigneten Boden sichern würde, sind bei uns im Ueberfluß vorhanden und verderben nur deshalb, weil unsere Nation ihnen diesen Boden nicht bietet, und ihren Blick nicht dorthin wendet, wo derselbe zu finden ist. Dabei wirft unser sich stets verbesserndes Unterrichtswesen täglich neue Massen solcher jungen Geisteskräfte auf dieses heimatliche Arbeitsfeld, ohne daß von den Schöpfern dieses Füllhorns voll zweifelhaften Segens Anstrengungen gemacht würden, dieses Wirthschaftsgebiet auszudehnen oder auch nur den rathlos beschränkten Interessenkreis unseres Volkes zu erweitern.

Nicht ganz mit Unrecht hat man gesagt, der deutsche Schulmeister habe unsere Schlachten gewonnen; aber es ist wohl schwer zu entscheiden, ob unsere Nation mehr erdrückt wird von der schweren Waffenrüstung unserer allgemeinen Wehrpflicht oder von der Treibhausluft unserer intensiven Hochcultur. Was hilft es, daß wir unsere intelligente Jugend mit unsern Systemen des Exercirens und Examinirens wehrfähig und erwerbsfähig machen, wenn wir ihnen nicht die genügend breite Basis wirthschaftlicher Existenz schaffen, auf der sie thatsächlich Erwerb finden können, und die ihnen auch der Vertheidigung mit Blut und Leben werth erscheint?!

Dieser Mangel allein ist die Ursache des täglich stärker werdenden Ueberwucherns nihilistischer Tendenzen in der wohl unterrichteten und geistig hochstrebenden Jugend unserer gebildeten Kreise. Hoffnungslosigkeit ist der Wurmstich unserer einseitigen Geistescultur, an welcher die Ernte derselben verkümmert. Erst durch das Hinzutreten der geistigen Ueberproduction wird das Elend der wirthschaftlichen Ueberproduction gefährlich. Solche Krisis bedroht unser Volksleben mehr als der Hunger und das Elend unseres Proletariats. Sollte eine solche Krisis über uns hereinbrechen, so würden die Folgen dieses Krachs für unsere nationale Cultur jedenfalls noch schwerere sein, als die des 30jährigen Krieges; es wäre der Todesstoß der deutschen Nation. Sollten unsere überspannten Geister jetzt auch nur bis zu dem Versuche gelangen, ihr Ideal der „Vereinigten Staaten von Europa" zu verwirklichen, so wäre es danach nicht nur mit aller deutschen Nationalität, sondern auch mit aller deutschen Cultur für immer aus.

Endlich aber herrscht in unserm engen Wirthschaftsgebiet auch eine ebenso erdrückende Concurrenz der Capitalkräfte. Unsere wichtigsten und reichsten Industriezweige fühlen sich noch immer gedrückt, während die gleichen Productionen in England und Amerika sich längst eines gesunden Aufschwungs erfreuen. Durch Schutzzölle suchen wir diesem Zurückbleiben unserer heimischen Industrie abzuhelfen; aber während wir wohl indirect andere nationale Erfolge mit denselben erzielen, bedürfen wir zur Erreichung dieses directen Zweckes offenbar noch anderer Mittel und Wege. *) Das Absatzgebiet Englands wächst seit mehr denn Jahresfrist wieder in altgewohnter Weise, und das Arbeitsfeld Nord-Amerikas mehr denn je. Nur unsere

*) Ich glaube nicht, daß man dereinst den Umschwung unserer inneren Cultur-Entwicklung von dem Schutzzoll-Schreiben des Fürsten von Bismarck an den Bundesrath (vom 15. December 1878) datiren wird. Die epochemachenden Erscheinungen sind vielmehr sein Programm der Besteuerung und Steuerfreiheit, dessen Princip der Fürst in seiner Landtagsrede vom 4. Februar 1881 darlegte, und seine im Einklange hiermit stehenden Pläne einer gerechten und menschlichen Behandlung der hülflosen Culturkräfte unseres Proletariats (Unfallversicherungs-Entwurf und Weiteres). Diese innere Politik zielt zwar nicht auf die Hebung unserer Productivität und unseres Wohlstandes hin, sondern nur auf die Wohlfahrt unserer Bevölkerung, welche zu $^{9}/_{10}$ dem Proletariat angehört, von dem wieder der größte Theil Land- und Handarbeiter sind. Hierauf aber kommt es für unsere intensive Cultur-Entwicklung gegenwärtig am meisten an; und es mag wohl sein, daß durch solches Vorgehn Deutschlands der Civilisation vom Centrum Alt-Europas aus eine Aera wahrer Menschlichkeit eröffnet werden wird, die nur wenig mehr gemein hat mit jener zur Carricatur verzerrten Pseudo-Cultur der sogenannten „Humanität", welche gut ist für 5 bis 10 % der Bevölkerung, aber für den ganzen Rest, der zu schwach ist, sich alleine aufzuhelfen, nur den kalten Hohn übrig hat: „Helft euch selbst. Non possumus!" — Eine wesentliche Hebung unseres Wohlstandes ist durch fernere einseitig intensive Entwicklung unserer Nation doch überhaupt nicht zu erwarten. Allerdings mögen neue technische Erfindungen auch ferner dahin wirken, unsere Culturkräfte von physischer Arbeit zu entlasten und die Productivität unserer Arbeitsleistungen zu heben; oder eine verbesserte Organisation der Arbeit, wie sie gleichfalls in den Plänen unseres Reichskanzlers liegen soll, mag dazu beitragen, die productive Bethätigung unseres Volkes zu steigern. Materiell aber ist die Hebung unseres Wohlstandes bei unserer gegenwärtigen Lage im Wesentlichen nur von der extensiven Entwicklung unseres Wirthschaftslebens abhängig.

Capitalisten (namentlich die des deutschen Inlandes) hocken daheim an ihren väterlichen Herden; sie kleben an der Scholle des Gewöhnlichen und Hergebrachten, und wenn es ihnen da zuletzt an der Möglichkeit des eigenen, positiven Schaffens, an der eigenen, fortschreitend rentablen Production fehlt, suchen sie einander geschäftlich die Hälse abzuschneiden und sich gegenseitig das Blut auszusaugen. Die Erfindungsgabe unserer Capitalisten wird bei dem Mangel an einer entsprechenden Erweiterung ihres geistigen Horizontes und bei dem Fehlen alles Welthandelsgeistes schließlich nur zur Raffinerie. Börsenjobberei, Spielwuth, Unreellität, Gewissenlosigkeit, Schwindel und Verbrechen sind das Unkraut, welches auf dem Sumpfboden solches erstickenden Wirthschaftslebens gedeiht. Auch hier werden wir zuletzt wieder auf dieselbe Gefahr unserer Cultur-Entwicklung hingewiesen. Jeder ruinirte Mann ist ein gefährlicher Mitbürger mehr!

Nur Eines kann uns helfen. Eine Erweiterung unseres nationalen Wirthschaftsgebietes allein ist im Stande, unserm Volksleben und dem Wohlstande unserer Nation eine normale Fortentwicklung zu sichern. Es gilt dabei sowohl unsere ungesunden Verhältnisse von solchen gährenden Kräften zu entlasten, als auch andrerseits diese Culturkräfte selbst von dem verkümmernden Zwange unserer heimischen Verhältnisse zu befreien. Selbstverständlich ist damit nicht gemeint, daß irgend Jemand zur Auswanderung gezwungen werden sollte; die geübte Einwirkung kann vielmehr nur eine geistige, ein Cultureinfluß sein. Die wichtigste solcher Einwirkungen würde aber Die sein, daß diese nothleidenden Kräfte unseres Volkes von einem neuen, reichen und günstigen Lande erfahren würden, wo sie deutsch bleiben, sich eine neue deutsche Heimath gründen, und sich selbst, ihren Kindern und Kindeskindern auf lange Zeit hinaus eine befriedigende Existenz sichern könnten; ein Land, welches seine geistige Schaffenskraft wesentlich von unserm Vaterlande entnähme und in welchem auch diejenigen unserer Kräfte sich üben und stählen könnten, welche später zurückkehren und ein frisches, gesundes Leben daheim wecken würden; und ein Land, in welchem auch das jetzt in Deutschland versaurende Capital reiche und immer reichere Verwendung finden könnte.

Ob zu diesem Ziele unsere Reichsregierung der Auswanderung ähnliche Facilitäten gewähren sollte, wie sie z. B. die brittische Regierung ihrer heimischen Bevölkerung zu verschiedenen Zeiten mit bestem Erfolge geleistet hat, das ist eine nebensächliche Frage, die nur in den einzelnen vorliegenden Fällen je nach den positiven Vorschlägen zu entscheiden wäre. Welcher Art auch solche extensive Culturpolitik unserer Nation sich gestalten wird, die geistigen Wohlthaten derselben werden fast noch größer sein, als die wirthschaftlichen Vortheile; und zwar nicht nur weil dadurch unserm Volke ein jeder Zeit bereites „Sicherheits-Ventil“ für seine gährenden Säfte und Kräfte geschaffen wird. „Viel höher noch ist zunächst der psychologische Eindruck zu schätzen, den eine solche in größerem Stile ausgeführte und in ihren Erfolgen günstige Auswanderung auf die Einbildungskraft unseres Volkes bald in weiten Kreisen machen würde. Wenn auch wohl nicht bei den Grimmigen, so doch bei der Mehrzahl der wirklich sich gedrückt Fühlenden würde solche Auswanderung ein neues, nicht unerreichbares Hoffnungsbild erwecken, und schon damit wäre der um sich fressenden Unzufriedenheit eine Schranke gesetzt.“ *)

Wichtiger noch, als blos die gährenden Kräfte zu entfernen, ist es für uns ferner, die krankenden Kräfte daheim zu heilen, die gesunden gesund zu erhalten und den gesammten Wirthschaftsbetrieb unserer Nation zu heben und zu fördern. Um die hierzu erforderlichen Mittel und Wege zu erkennen, ist es nothwendig, sich über die Vorbedingungen und die wirkenden Ursachen des volkswirthschaftlichen Gedeihens klar zu werden.

Als die Grundelemente des Wohlstandes und der Wohlfahrt eines Volkes sind in der Volkswirthschaftslehre, abgesehen von der Naturumgebung desselben und allen äußeren Einflüssen, welche auf das Volksleben einwirken resp. dasselbe verschonen, bisher nur die Arbeitskraft und das Capital anerkannt. Thatsächlich aber genügen selbst die beste Qualität und die größte Quantität dieser beiden Elemente noch nicht zur Sicherung des Gedeihens der Volkswirthschaft. Auch das Arbeitsfeld, auf welchem sich diese Elemente der Production rentabel bethätigen können, muß mindestens in dem gleichen Maße wie sie selbst zunehmen, sonst treten eben diejenigen Wirthschaftskrisen ein, welche der Volksmund bildlich als „Ueberproduction“ **) bezeichnet. Der rentable Absatz (Consumtion) und auch die rentablen Chancen neuer Productionsanlagen müssen intensiv

*) Vergl. Dr. Fr. Fabri „Bedarf Deutschland Colonien?“ pag. 85.

**) Das Wort „Ueber-Production“ bezeichnet in den meisten Fällen, in denen es angewandt wird, nur die Production von Gütern, welche keinen rentablen Absatz finden können. Der alsdann vorliegende Zustand ist also der, daß die Productionskräfte und Productionsanlagen zu groß sind für die Ausdehnung ihres Absatzgebietes, und daß folglich das Wirthschaftsgebiet intensiv oder extensiv zunehmen muß, um den Productionskräften ihre Productivität wieder zu geben. Der Begriff „Productivität“ deckt sich meist thatsächlich mit dem „rentablen Absatze der Production“.

oder extensiv wachsen. Andern Falls wirkt die Fülle der Productionskräfte nur schädlich; auf dem immer beengter werdenden Wirthschaftsgebiete steigert sich der Kampf um die Existenz zu solcher Stärke, daß die Kräfte anstatt zusammenzuarbeiten und einander zu stützen, sich vielmehr gegenseitig erdrücken; und das Wirthschaftsleben erstickt zuletzt an der Einengung seiner Vollblütigkeit, die nur in frischer, freier Luft sich gesund und normal auszuarbeiten vermag.

Das Arbeitsfeld der Production eines Volkes (sein Wirthschaftsgebiet, der Umfang seines Absatzes und die Möglichkeit seiner rentablen Production) kann sowohl intensiv als auch extensiv wachsen, und muß bald mehr in der einen, bald mehr in der andern Richtung zunehmen. Die bewegenden Kräfte seiner mehr intensiven Zunahme sind hauptsächlich Erfindungsgabe, vermehrtes Wissen und Können und specialisirtere Arbeitstheilung; die wesentlichsten Triebkräfte seiner mehr extensiven Zunahme dagegen sind Unternehmungsgeist, aufwärts strebende Willenskraft und das Wachsen des geistigen Gesichtskreises. Diese sämmtlichen geistigen Kräfte, welche den Absatz und die Rentabilität des Wirthschaftsbetriebes bedingen, kann man die Culturkräfte der Production nennen, im Gegensatz zu den Naturkräften derselben, der Arbeitskraft der Bevölkerung und ihrem Capital.

Der Wohlstand und der Standard of life einer Nation wird bestimmt durch die Productivität ihres Wirthschaftsbetriebes und das Grundgesetz dieser Productivität ist also, wie aus Obigem hervorgeht, kurzgefaßt folgendes:

> Die Productivität einer Wirthschaft nimmt zu oder ab in demselben Verhältnisse, wie die Zunahme der Culturkräfte dieser Wirthschaft (Erfindungsgabe, Unternehmungsgeist rc.) die Zunahme ihrer Naturkräfte (Arbeitskraft und Capital) übersteigt oder hinter derselben zurückbleibt.

Vorausgesetzt sind hierbei gleichbleibende Vorbedingungen der Naturumgebung. Verschlechtern sich die Chancen derselben, so wird die Productivität und der Wohlstand des Volkes in demselben Grade abnehmen, wenn nicht die Culturkräfte seine Wirthschaft, außer ihrer über die Naturkräfte überwiegenden Zunahme, auch noch in gleichem oder größerem Maße wachsen, als sich die Vortheile der Naturumgebung verringern.

Dieses Gesetz gilt in gleicher Weise für jede Nationalwirthschaft wie für die Weltwirthschaft. Nur wenn die Culturkräfte eines Volkes, einer Raße oder der ganzen Menschheit stärker zunehmen als ihre Naturkräfte, nur dann gedeiht ihr Wirthschaftsbetrieb, andernfalls geht derselbe dem Verfall entgegen*). In der Weltwirthschaft steigern sich Productivität und Wohlstand ebenfalls in demselben Grade, in welchem die Culturkräfte in den verschiedenen Ländern, welche an der Weltwirthschaft Theil nehmen, gehoben und zur Geltung gebracht werden; und unter den theilhabenden Ländern wird stets dasjenige das productivere und reichere sein, in welchem sich die stärkeren Culturkräfte bethätigt finden. Solange es möglich ist die Culturkräfte mehr und schneller wachsen zu machen als die Naturkräfte, solange und in demselben Grade verringert sich die Gefahr der Uebervölkerung und der Ueberproduction.

Ein gesundes Wirthschaftsleben bedarf zu seinem Gedeihn der beiden verschiedenen Arten der Culturkräfte so gut wie beider Elemente der Naturkräfte.**) Einseitige intensive Entwicklung der Production ist gerade so rathlos und unbeholfen, wie die Arbeitskräfte ohne Capital; und ebenso wenig selbstständigen Werth haben Capital und Unternehmungsgeist ohne die Substrate der Arbeitskräfte und des gediegenen Wissens und Könnens. Diese sind ohne jene fast so hülflos wie unmündige Kinder; ohne die nährende Kraft des Unternehmungsgeistes aber ist auch die beste Erfindung für ihren Urheber nur ein todtgeborenes Kind.

Kein Volk, kein Land kann bei einer einseitigen Cultur-Entwicklung allein gedeihen. Wir mögen noch so rationell produciren und noch so viele großartige Erfindungen machen, unser Land müßte doch dabei verarmen, wenn nicht unser Unternehmungsgeist und unser ideeller

*) Roscher drückt dies in einem oft citirten Lehrsatze folgendermaßen aus: „Die freie Concurrenz entfesselt alle Kräfte der Volkswirthschaft, die guten wie die bösen. Sie beschleunigt daher, wo jene überwiegen, die Blüthezeit, wo diese bedeutender sind, den Verfall," (vergl. Wilhelm Roscher „Nationalökonomie" § 97). Natürlich will Herr Professor Roscher nicht sagen, daß die einen Kräfte der Volkswirthschaft prädestinirt gut, die andern prädestinirt schlecht seien. Mir scheint aber, daß die von mir angegebenen Bedingungen und Ursachen eines rentablen Wirthschaftsbetriebes diejenigen sind, bei welchen die Kräfte desselben gut und gesund bleiben, ohne welche aber sie faulen und verkommen.

**) Ein ähnliches Verhältniß, wie es zwischen den beiden Naturkräften besteht, ist auch zwischen den intensiven und extensiven Culturkräften der Production zu erkennen. In einem gesunden Wirthschaftsbetriebe wächst das Capital in demselben Maße stärker als die Arbeitskräfte (Bevölkerung), wie die Culturkräfte stärker wachsen als die beiden Naturkräfte; und ebenso wächst in jeder aufwärts strebenden Entwicklung die Willenskraft des Unternehmungsgeistes stärker als das Wissen und Können der Leistungsfähigkeit. Wie ferner das Capital auf den höheren Stufen der Cultur und des Wohlstandes mehr zur Geltung kommt als die Arbeitskräfte des Volkes, so ist alsdann auch der Unternehmungsgeist vorherrschend über die Erfindungsgabe.

Horizont in gleicher Weise wüchsen. Mag unser Volk nun deutsch bleiben oder mit der Zeit englisch werden, wenn es seinen Arbeitskräften und seinem Capitale nicht in demselben Maße wie diese zunehmen, Gebiete rentabler Verwendung und Bethätigung schafft, so wird es im Verhältnisse dieses wachsenden Mangels schneller oder langsamer verkommen.

Es wird von keinem vernünftigen Menschen heutzutage bestritten, daß es eine der wesentlichsten Culturaufgaben der für das Gedeihen der Nation verantwortlichen Regierungskreise ist, alle zweckdienlichen Mittel anzuwenden, um das Wissen und Können des Volkes möglichst zu heben und zu fördern. Wenn es nun aber doch offenbar ist, daß es den tonangebenden Kreisen unserer Nation im Vergleich zu unserm großen Nachbarvolke jenseits der Nordsee viel weniger an Wissen und Können, als vielmehr an dem erforderlichen Wollen fehlt, d. h. eben an dem rechten Geiste und Verständniß, an der Frische der Unternehmungslust, an dem offnen Sinn und freien Blick für unsere wirkliche Sachlage und für die uns bisher verschlossenen Chancen anderer Nationen: sollte es dann nicht die Aufgabe der für unsere Nation verantwortlichen Kreise der Regierung und Volksvertretung sein, auch diesem Mangel nach Kräften abzuhelfen?! — Diese Activität des Volkes zu erzielen, zu erhalten und zu steigern wird sicherlich das höchste Augenmerk einer Regierung sein, die sich für die wirthschaftliche Wohlfahrt ihrer Nation verantwortlich fühlt und gewissenhaft für dieselbe bestrebt ist. Extensive Culturpolitik in überseeischen Ländern aber ist das einzige Mittel der Civilisation, welches bisher den europäischen Völkern *diesen* Vortheil gewährt hat. Solche extensive Bethätigung der Culturkräfte sind allerdings nicht ausschließlich Colonisation und Cultivation, sondern auch jede andere Leistung des Welthandelsgeistes; so waren dies namentlich für die brittische Nation u. a. die Verwendung von Dampfkraft und Elektrisität für ihren Weltverkehr, die Aufhebung ihrer Navigationsacte, die Erweiterung der brittischen Nationalwirthschaft zu einer Weltwirthschaft durch das Freihandelssystem und anderes. Die bei weitem wichtigste extensive Culturpolitik bleibt aber stets das Colonisiren und Civilisiren junger Culturgebiete und reicher Naturländer.

Der hauptsächlichste Vorzug, den das Wirthschaftsleben der Vereinigten Staaten vor dem der europäischen Nationen hat, ist die fast endlose Ausdehnung ihres reichen Culturgebietes, die annähernde Unbegrenztheit ihres heimathlichen Arbeitsfeldes. Für die Culturländer Europas dagegen ist eine unermüdliche Bethätigung ihres Welthandelsgeistes nicht nur zur Erhaltung ihrer Nationalität, sondern auch zur Steigerung ihrer Productivität, zur Förderung ihres Wohlstandes und ihres Volkslebens unerläßlich. Wir müssen in der Ferne suchen, was die Amerikaner in Fülle und in bester Qualität im eigenen Lande finden. Die Britten haben dies bisher in großartigster Weise und mit großartigstem Erfolge gethan; wir Deutschen nicht, und wir leiden deshalb auch auf das Empfindlichste an dem Raummangel unseres Wirthschaftslebens. Je ärmer und je beschränkter das Stammland einer Nation ist, desto reichere und ausgedehntere Wirthschaftsgebiete bedarf sie außerhalb ihrer eigenen Grenzen. Und nur überseeische Länder können uns diese Vortheile in ausreichendem Maße gewähren.

Auch für unsere Erfindungsgabe und alle Kräfte der intensiven Cultur-Entwicklung bieten überseeische Länder unserm Volke ein ergiebiges Feld der Bethätigung. In der reichen tropischen Natur wird sich unsere Intelligenz noch ganz anders erproben, als in der ärmlichen Naturumgebung unseres europäischen Landes. Eine große Zahl werthvoller industrieller Erfindungen und Entdeckungen wurden von unsern Nachbarvölkern an Producten überseeischer Länder gemacht und für sich selbst in besonderem Maße ausgebeutet. Welche Schätze mag nicht auch die Intelligenz unseres Volkes einst dort heben?! Viel wichtiger aber ist für den Wohlstand unserer Nation jedenfalls die Hebung und wachsende Bethätigung ihres Unternehmungsgeistes, welche durch ihre auf solche überseeische Länder gerichtete Culturpolitik erzielt werden.

Hinsichtlich der wirthschaftspolitischen Wirkungen überseeischer Politik für europäische Nationen und speciell des Werthes überseeischer Besitzungen sowohl als Absatzgebiete für ihre heimische Production, wie auch als Arbeitsfeld für ihre überschüssigen Kräfte, muß ich hier auf die ausführlichen Berechnungen und statistischen Belege hinweisen, welche ich dafür in meiner Schrift „Ueberseeische Politik"*) gegeben habe. Ich kann mich hier nur darauf beschränken, die wichtigsten Thatsachen kurz zusammenzufassen:

Die überseeischen Wirthschaftsgebiete einer Nation sind in jeder Hinsicht (quantitativ und qualitativ) die besten Kunden ihrer Industrie. Wo ein culturkräftiges Volk eine Colonie gründet, da schafft es sich ein Absatzgebiet für seine Production. **)

---

*) „Ueberseeische Politik, eine culturwissenschaftliche Studie mit Zahlenbildern." Hamburg, L. Friederichsen & Co. 1881.

**) Dieses ist übrigens schon seit langer Zeit ein unbestrittener Satz der Colonial-

In den auf 1873—74 folgenden Jahren der allgemeinen Geschäftsstockung haben die Werthe des Exports der meisten Länder, namentlich derjenigen, welche nicht in eigenen überseeischen Gebieten Erleichterung finden konnten, beträchtlich abgenommen; auch die Ausfuhr der Colonialnationen nach fremden Ländern hat sich verringert. Während eben derselben Zeit aber hat die Ausfuhr aller dieser letzteren Länder (also Großbritanniens, Niederlands, Frankreichs, Spaniens, Portugals und Dänemarks) nach ihren überseeischen Wirthschaftsgebieten, sowie auch ihre Einfuhr von denselben zugenommen, und zwar bei Großbritannien und Niederland sehr bedeutend.

Die überseeischen Besitzungen aller culturkräftigen Nationen, so z. B. Englands, Frankreichs und Niederlands, beziehen weit über die Hälfte aller ihrer Bedürfnisse aus ihren Stammländern und senden die meisten ihrer eigenen Producte eben dorthin. *)

Gleiche Nationalität gewährt regelmäßig im Welthandel die Vorhand. **) Während beispielsweise der Verbrauch brittischer Producte im Jahre 1878

in Frankreich nur...... 8 Mark und

in Deutschland .... 9 „ per Kopf der Bevölkerung betrug,

belief sich derselbe in den überseeischen Wirthschaftsgebieten Englands,

in Canada .... auf 33 Mark und

in Australien sogar „ 157 „ per Kopf der Bevölkerung.

So vortheilhaft der Absatz der nationalen Production in stammesgleichen überseeischen Besitzungen quantitativ ist, so günstig stellt sich dieser Absatz auch qualitativ. Der bei Weitem größere Theil der nach solchen Besitzungen gesandten Fabricate sind Ganz-Fabricate oder doch Fabricate in einem weit vorgeschrittenem Stadium der Manufactur, also solche, an denen keine weiteren Arbeitslöhne zu verdienen sind, sondern deren voller Werth ausschließlich der nationalen Arbeit des Stammlandes zu Gute kommt. Diese Thatsache erklärt sich aus dem Umstande, daß solche jüngeren überseeischen Culturländer zu der Vollendung der höheren und höchsten Stufen der Fabrication erst nach und nach heranreifen können.

---

wissenschaft. Vergl. darüber u. a. Herman Merivale »Lectures on Colonies etc.« London 1840; II Auflage 1861, Lecture V pag. 159 und VI pag. 185.

*) Weitere Ausführung und Beweis hierfür finden sich auch weiter oben pag. 29—30.

**) Vergl. hierzu ferner die Ausführungen des Herrn Dr. Jannasch vor dem handelsgeogr. Congresse: „Die Nationen, welche Colonien besitzen, wissen sich dort auch die Vortheile auf dem Gebiete des Handels zu wahren und haben beim Einkauf wie beim Verkauf die Vorhand.“ (Bericht über die Verh. pag. 3.)

Der Welthandelsbetrieb einer Nation mit überseeischen Wirthschaftsgebieten übt einen anregenden und hebenden Einfluß aus auf das gesammte heimische Wirthschaftsleben. Ein Vergleich der europäischen Colonialnationen, Großbritannien, Niederland, Frankreich und Dänemark, mit den ihnen im übrigen ähnlich situirten Ländern, Deutschland, Scandinavien und Nord-Amerika, zeigt, daß die Gesammtausfuhr der Nationen zunimmt ungefähr im wachsenden Verhältnisse der Volkszahl ihrer überseeischen Wirthschaftsgebiete zur Volkszahl der Stammländer.

Was andrerseits die Rentabilität solider Capitalanlagen einer Nation im Welthandelsbetriebe und in überseeischen Wirthschaftsgebieten betrifft, so sind hierfür hauptsächlich folgende Thatsachen anzuführen:

Der Bruttogewinn im überseeischen Handel verhält sich zu dem des europäischen Handelsverkehrs durchschnittlich wie 29:17.

Der durchschnittliche Procentsatz des jährlichen Gewinnes, welchen europäische Nationen in ihrem Handelsbetriebe erzielen, steigert sich annähernd im Verhältniß der Volkszahl ihrer in überseeischen Gebieten thätigen Angehörigen zur Gesammtzahl ihrer nationalen Bevölkerungen.

Unter übrigens ähnlichen Verhältnissen ist die Rohproduction in überseeischen Naturländern ungefähr doppelt so rentabel wie in den Culturländern Europas. Die Rentabilität tropischer Cultivation unter irgendwie geeigneten Verhältnissen, die Pflanzung von Zucker, Kaffe, Taback ꝛc. auf reichem, jungfräulichem Boden der Tropenländer übertrifft sogar die Rentabilität aller europäischen Capitalanlagen von gleicher Größe um ein Mehrfaches; ein stricter Vergleich entzieht sich hier für Europa gegenwärtig dem Bereiche der Möglichkeit.

Die Cultivation der Tropenländer und ihrer Naturvölker und halbbarbarischen Nationen ist im Allgemeinen noch rentabler, entwicklungsfähiger und von länger andauerndem Vortheil als Colonisation.*)

*) Von Herrn Dr. Jannasch („Bericht üb. d. Verh." pag. 2) ist hiergegen eingewendet worden, der Handelsverkehr Großbritanniens mit seinen Colonien sei doch rentabler als mit seinen Cultivationen, denn der Umsatz mit jenen sei ungefähr gleich demjenigen mit Brittisch-Indien, die Bevölkerung des letzteren Landes dagegen sei sehr viel größer als die jener Colonien zusammengenommen, also im Durchschnitt 1868—77:

Länder.	Handel mit England in Millionen M.	Bevölkerungen in Millionen.	Handelsverkehr in M. per Kopf.
Brittische Colonien	1301·4	8·	162·70
Brittisch-Indien	1339·3	240·	5·60

Soweit es sich blos um den relativen Handelswerth dieser beiden verschiedenen Arten

Diese Behauptung, für welche ich ebenfalls in der erwähnten Schrift eingehende Nachweise niedergelegt habe, ist mehrfach in der Presse dahin mißverstanden worden, daß ich gegen Colonisation aufgetreten sei, oder dieselbe als für unsere Nation entbehrlich hingestellt habe. Die Cultur-Erziehung der zurückgebliebenen Raßen des Menschengeschlechts, die Erschließung und Verwendung ihrer Arbeit und der Naturschätze ihrer reichen Tropenländer für die Civilisation bleibt allerdings das höchste Ziel extensiver Culturpolitik; dies ist mithin auch für unsere Nation die größte Culturaufgabe und mag wohl dereinst unser eigentlicher Weltberuf werden. Jedenfalls aber ist unbestreitbar, daß auch Colonisation gerade für uns zunächst ein viel dringenderes Bedürfniß ist, als es für irgend ein anderes Volk sein mag, und ich habe dies auch in den „Nachträglichen Bemerkungen" meiner genannten Schrift *) ausdrücklich hervorgehoben. Ich bin sehr weit entfernt davon, die hohe Rentabilität oder die großartige Entwicklungsfähigkeit eigentlicher Colonisation zu bestreiten. Ein Blick auf die brittischen Colonien, Canada, Australien und das Capland zeigt, daß der Handelsverkehr dieser Länder, von welchem die Hälfte auf den Umsatz mit ihrem Stammlande, England, kommt, nicht nur in gleichem, sondern in drei- bis vierfachem Verhältnisse ihrer wachsenden Bevölkerung gestiegen ist:

In den Jahren	Volkszahl d. 3 britt. Colonien	Handelsumsatz in £stlg.	M. p. Kopf d. Bevölkrngen.
1840	1·558,000	7·430,000	95
1860	4·969,000	63·720,000	256
1878	8·114,000	147·610,000	364

Die entscheidenden Elemente des Wohlstandes und der Wohlfahrt einer Nation sind stets nur ihre culturellen Kräfte. Daß kein selbstständiges Volk bei einer einseitig intensiven Bethätigung dieser Kräfte,

überseeischer Wirthschaftsgebiete handelt, wäre diese Schlußfolgerung wohl zulässig; nicht aber, wenn es sich um die Rentabilität der verschiedenen culturellen Leistungen in dem einen und in dem andern Falle handelt. Dann, scheint mir, kommt es lediglich auf das Verhältniß an, in welchem der Ertrag derselben zu den dabei aufgewandten Productionskräften an Capital, Arbeitskraft und Intelligenz steht. Da die Umsätze annähernd gleich sind, mögen auch die Beträge des aufgewandten Capitals als gleich betrachtet werden; den Handelsgewinn auf diesen Umsätzen aber habe ich für Indien auf 19 und 39 %, für Australien auf 17 und 23 % berechnet. (Vergl. Uebers. Politik pag. 206 und 198). Noch größer ist ferner der Unterschied der aufgewandten Arbeitskraft und Intelligenz der Nation. In Brittisch-Indien leben und wirken nur einige Hunderttausend Britten, in den brittischen Colonien aber über 8 Millionen.

*) Vergl. „Ueberseeische Politik" pag. 254.

also durch innere Cultur-Entwicklung allein gedeihen kann, sondern erst durch hinzutretende extensive Entwicklung die volle Lebenskraft und den höheren Aufschwung erhält, zeigt die wirthschaftliche Entfaltung unserer westlichen Nachbarvölker. Ein Vergleich der Entwicklung der verschiedenen europäischen Nationen im Laufe des vorigen und dieses Jahrhunderts läßt folgendes Culturgesetz erkennen:

Die überseeische Politik einer Nation steigert den Wohlstand derselben im Verhältnisse zur Ausdehnung, Energie, Geschicklichkeit und Kostenaufwendung, mit der sie betrieben wird. Unter übrigens gleichen Verhältnissen wächst der Wohlstand verschiedener Nationen, die gleich stark und tüchtig sind auf dem Gebiete der inneren Cultur-Entwicklung, verschieden im Verhältnisse ihrer Leistungen auf dem Gebiete ihrer äußeren Cultur-Entwicklung.

Am deutlichsten exemplificirt sich diese Thatsache an einer Gegenüberstellung Großbritanniens und Preußens. Die Entfaltung der brittischen Nation zeigt, daß die Blüthe brittischer Cultur und brittischer Weltmacht erst ein Jahrhundert nach der Zeit ihrer intensivsten wirthschaftlichen Entwicklung stattfand, und daß dieselbe erst durch ihre nachfolgende extensive Entwicklung und durch die anhaltende Wechselwirkung zwischen intensiver und extensiver Bethätigung verursacht wurde. An innerer Cultur-Entwicklung stehen wir Deutschen den Britten sicherlich nicht nach, aber wir haben uns bisher von aller culturpolitischen Bethätigung nach außen fern gehalten. Der Unterschied in der Wirkung der allseitigen Entwicklung des brittischen Volkes und unserer einseitigen wirthschaftlichen Entfaltung stellt sich für uns auf das Peinlichste dar, wenn man den gegenwärtigen Stand (1876) der brittischen und der preußischen Nationalwirthschaft vergleicht: *)

Großbritannien und Irland		**Preußen und Deutschland**
6 : 1	Verhältniß der Zunahme des Welthandels seit 1835	**4 : 1**
44,108	Einnahme der Eisenbahnen per Betriebskilom. in M.	29,444
708	Durchschn. Volkseinkommen p. Kopf d. Bevölk. in M.	265
1·228,335	Steuerzahler mit Einkommen von über 2000 M.	370,366
—	Steuerzahler mit Einkommen von unter 2000 M.	4·784,958
2 : 7	Verhältniß der gebildeten Classen zum Proletariat	**2 : 29**
1 : 4	Verhältniß der Steuerzahler der Oberen und Mittel-Classe zu den selbstständigen Proletariern	**1 : 18**

*) Die vollständige Darstellung dieser Verhältnisse findet sich in meiner „Ueberseeischen Politik“ Tabelle 34 pag. 63 ff und Anhang B pag. 224—252. „Proletarier“, d. h. solche Staatsangehörige, welche der Nation jetzt nur quantitativ als Bevölkerungs-Material dienen, nicht aber auch an der geistigen Cultur-Entwicklung derselben bewußten Antheil nehmen können, nenne ich diejenigen untersten Volksclassen, bei

In Großbritannien unterliegen nur die wohlhabenden Volksclassen mit Einkommen über 3000 M. den directen Steuern und zwar einer Einkommensteuer von weit unter 1 %; die indirecte Steuerlast aber wird auch von den untersten Schichten der Bevölkerung nicht drückend gefühlt, ja sie kommt denselben überhaupt gar nicht zum Bewußtsein. Ebenso ist in Hamburg, welches in vieler Hinsicht, wie in dieser, die vermittelnde Brücke zwischen England und Preußen bildet, die Steuerlast verhältnißmäßig gering und diejenigen, auf welchen sie ruht, sind durchweg sehr viel besser als die Preußen im Stande, diese Last leicht, oft sogar fast unbemerkt zu tragen. In Preußen dagegen sind die Steuern eine stehende Klage und eine bleibende Plage des Landes; sie sind der Ruin des besseren Proletariats. Wenn Preußen nicht endlich einmal anfängt, seine Culturkräfte extensiv zu entwickeln, so wird es unfehlbar in seiner intensiven Einseitigkeit verkümmern.

Noch reicher als Großbritannien ist Niederland, und auch dieses wenig zahlreiche Volk ist ebenfalls nur durch dieselbe Bethätigung seines Welthandelsgeistes und durch großartige Leistungen extensiver Cultur-Entwicklung so unermeßlich reich geworden. Dieser Wohlstand Hollands dauert sogar gegenwärtig noch fort, obwohl daselbst seit den 60-ger Jahren wieder dieselbe lethargische Erschlaffung eingetreten ist, wie sie sich dort schon mehrfach gezeigt hat. So machte sich auch gegen Ende des vorigen Jahrhunderts eine ähnliche Schwäche in Holland geltend, wurde durch die napoleonische Zeit nur noch verschlimmert und steigerte sich bis 1830, als endlich die bittere, äußere und innere „Noth" die schlafenden Culturkräfte dieses praktisch-gewandten und hoch-intelligenten Volksstammes zu großartigen Unternehmungen aufrüttelte.

Es ist selbstverständlich, daß die naturellen Verhältnisse einer Nation, der Bodenreichthum, das Klima und die geographische Lage

denen das Einkommen der einzelnen Familien stets unter 2000 M. bleibt, nach den Steuerrollen sogar unter 1600 M. In Preußen beträgt das jährliche Einkommen einer solchen proletarischen Familie durchschnittlich nur 630 M., und zwar übersteigt diese Annahme sogar die Schätzung der Steuerrollen noch um 50 %. Unter „selbstständigen Proletariern" sind diejenigen Personen dieser Volksclasse verstanden, welche, so gut unser kläglich beengtes Wirthschaftsleben es ihnen noch möglich macht, eigenem Gewerbe nachgehen, und welche daher auch im Stande sein werden, vorkommenden Falls Knüppel zu halten und Pflastersteine zu heben. Die Anzahl dieser Proletarier verhält sich zu der Zahl der selbstständigen Personen der gebildeten Classen, wie oben angegeben, in Großbritannien und Irland nur wie 4 : 1, in Preußen aber wie 18 : 1.

ihres Landes in der Regel sehr bedeutsame Elemente ihres Wohlstandes sind. Wie verhältnißmäßig unbedeutend aber doch diese Vorbedingungen der Naturumgebung im Vergleich zu der Wirksamkeit geistiger Kräfte sind, das beweist uns ebenfalls die Culturgeschichte unserer Nachbarvölker, Niederland einerseits und andrerseits Frankreich. Noch am Ende des 17. Jahrhunderts beherrschte Niederland die Frachtschiffahrt der Welt ganz in ähnlicher Weise wie es heute der englische Stamm thut. Sir William Petty berechnete *) damals die gesammte Tonnenzahl der europäischen Kauffahrteiflotte auf 2 Millionen Tonnen und davon 800,000 Tonnen allein den Niederländern gehörig. Dieses Uebergewicht Hollands beruhte sicherlich nicht vorzugsweise auf naturellen Vortheilen. Das Land war weder reich an Bauholz noch an Metall. Sein Schiffbau war viel theurer als der Englands, und auch damals schon waren die brittischen Inseln ungleich günstiger für den Seehandel und für das Weltfrachtgeschäft gelegen. Es war offenbar vielmehr die überlegene culturelle Bethätigung Niederlands in jeder Richtung, intensiv wie extensiv, welche dieses kleine Land auf seine bis dahin unerreichte Höhe gehoben hatte. Die geistige Entwicklung des Volkes war durch die Widerstände seiner schweren kämpfenden Vergangenheit erstarkt; mit dem Geiste religiöser und politischer Freiheit wuchs auch seine industrielle Kraft, sein kühner Welthandelsgeist und mithin — sein Wohlstand, sein Capital und seine Cultur. Frankreich dagegen ist von Natur vortheilhafter gestellt als England. Es liegt in einem günstigeren Klima und seine Küsten werden von drei Meeren bespült. Während England nicht reicher ist an Naturschätzen, kaum den dritten Theil so fruchtbar und nur an zwei Meeren gelegen ist. Dennoch hat die brittische Nation ihr Land zu zehnfacher Bedeutung für die Cultur-Entwicklung der Erde und ihrer Völker erhoben! Und warum dies? — Auf dem Gebiete der intensiven Cultur-Entwicklung haben die Franzosen sich den Britten und Niederländern völlig ebenbürtig erwiesen; aber es fehlt ihnen an der Begabung des germanischen Stammes zur extensiven Cultur-Entwicklung. **)

*) Vergl. Merivale »Lectures on Colonies etc.« 1861, pag. 210; eine vollständige Zusammenstellung aller Handelsflotten der Welt habe ich in meiner „Ueberseeischen Politik" (pag. 256) gegeben. Die Kauffahrteiflotte des Ver. Königreichs beläuft sich auf 6½ Millionen Tonnen, die gesammte Tonnenzahl unter brittischer Flagge aber auf 8·3 Millionen gegen 18·3 Millionen Tonnengehalt aller Seeschiffe des Welthandels.

**) Vergl. hierzu auch „Ueberseeische Politik , pag. 57. Es ist gerade der allerwesentlichste Unterschied, welcher begrifflich die „Culturvölker" von den „Natur-

Daß auch wir gegen die uns naheverwandten Nachbarvölker so bedeutend zurückstehen, hatte allerdings bisher einen wesentlichen Grund in der ungünstigeren geographischen Lage unseres Landes, das räumlich von der großen, weiten Welt ausgeschlossen und weit abgelegen war von der Verkehrsstraße der Welt, dem Meere. Diese Abgeschlossenheit war eine der Ursachen, weshalb wir uns bisher auf unsere innere Cultur-Entwicklung beschränkten, uns in trostlosen Kriegen verzehrten, in der geistlos servilen Nachahmung unserer glücklicheren Nachbarvölker versumpften und zum elenden Spielball dieser Uebermüthigen wurden: unser Land, der verwüstete Tummelplatz ihrer mordbrennenden Heere, unser edles Volk ein Spottbild der Civilisation! Die räumliche Abgeschlossenheit war der Grund unserer geistigen und wirthschaftlichen Einseitigkeit; jetzt aber ist eine allseitige Entwicklung für uns möglich geworden. Dampfkraft und Elektrisität haben Distanzen zu einer Irrelevanz gemacht und haben fast alle räumlichen Unterschiede aufgehoben. Der geistige Horizont des Binnenländers steht hinter dem des Küstenbewohner nicht mehr zurück wie ehemals, und an cultureller Leistungsfähigkeit, an Intelligenz, Energie und Organisationstalent hat unsere Nation sich keinem andern Volke nachstehend bewiesen. Ist es uns erst gelungen, den Zeitverlust der letzten zwei bis drei Jahrhunderte völlig einzuholen, dann ist uns sicher, daß wir auch die Welt, die wir eingeholt haben, fortan überflügeln und uns unter den civilisirten Völkern der Menschheit eine tonangebende Stellung erringen werden. Der Weg liegt klar vor uns; alle Mittel und Kräfte dazu stehen uns zu Gebote! Wer will denn jetzt noch zögern?!

Herr F. C. Philippson, der Correferent des Herrn Dr. Kapp, meint in seiner kürzlich veröffentlichten Schrift: *) „Wir sind und bleiben in Folge unserer geographischen Lage die Verbindungsbrücke für weite, reiche Hinterländer; zum Weltemporium können wir uns nicht erheben und unsere eigenen Colonien würden bei stärkerer Entwicklung England als Markt für ihre Producte aufsuchen müssen." — Ja wahrlich, wenn die deutsche Nation aus lauter so schwachwilligen Männern bestände, wie Herr F. C. Philippson sich hier darstellt, dann freilich würden wir nie und nimmer zu einem Weltemporium werden, dann würden wir nicht nur stets von England abhängig bleiben,

völkern" unterscheidet, daß diese unter der übermächtigen Herrschaft ihrer Naturumgebung stehen, daß für jene aber in erster Linie ihre eigenen Culturkräfte maßgebend sind.

*) Vergl. F. C. Philippson „Ueber Colonisation" (Berlin, Leonhard Simion, 1880) pag. 32.

sondern müßten auch schließlich ganz unfehlbar zu solchen Kleinkrämern der englischen Weltwirthschaft werden, wie Herr F. C. Philippson es uns an jener Stelle in sehr klarer Weise veranschaulicht. Sein Irrthum aber, daß für die Producte deutscher Colonien England der Absatzmarkt sein würde — ein Irrthum, der bei einem volkswirthschaftlich gebildeten Manne fast unbegreiflich erscheinen könnte — erklärt sich aus dem Umstande, daß er hier bei „deutschen Colonien“ an überseeische Länder denkt, die nur politisch, nicht aber wirthschaftlich und culturell deutsch wären. Gewiß, wenn wir in einem Kriege gegen England uns das Capland oder Australien eroberten, dann könnten solche Länder noch einige Zeit die besten Absatzmärkte für brittische Producte bleiben, und wahrscheinlich würde auch England noch eine Zeit lang der hauptsächlichste Markt für die Producte solcher Colonialländer und der Centralpunkt für ihr geistiges und materielles Leben sein. „Deutsche Colonien“ aber im Sinne unserer kommenden Generation sind Länder, die durch deutsches Capital, deutsche Intelligenz und deutsche Arbeitskraft cultivirt und der deutschen Nationalität erworben sind. Solche Länder werden ebenso selbstverständlich der deutschen Production als Absatzgebiet dienen, wie dies in gleicher Weise mit den überseeischen Gebieten aller anderen culturkräftigen Nationen der Fall ist; die Producte solcher Länder werden ohne alle künstlichen Maßregeln in Deutschland ihren Hauptabsatzmarkt finden; es wird gegen diese Producte sogut wie gegen die von hier ausgesandten Waaren, auf Deutschland, auf deutsche Commissionshäuser und auf deutsche Banken trassirt werden, genau so und ganz aus demselben Grunde, weshalb sich jetzt für die eigentlichen und uneigentlichen Gebiete der brittischen Weltwirthschaft der Wechselverkehr in London concentrirt. Deutschland wird naturgemäß der Stapelplatz und der Centralpunkt für jede Erweiterung des deutschen Wirthschaftsgebietes sein und bleiben. Sowie schon der Geldverkehr dies bedingt, so bürgt dafür in noch viel stärkerem Maße der geistige Verkehr, der Austausch der Intelligenz zwischen Stammland und Colonie, die gemeinsame Sprache, gemeinsame Sitte und gemeinsame Lebensanschauung. Die politische Abhängigkeit eines solchen Landes von unserer Reichsregierung wäre das aller nebensächlichste Moment solcher nationalen Connexion; das wesentlichste Element ist stets die wirthschaftliche Gemeinschaft und die culturelle Abhängigkeit solches Coloniallandes von unserer Nation.

Noch ist es nicht zu spät! Wenn wir ruhig und sicher, aber energisch und unverzagt vorangehen, so wird, so muß es uns gelingen unserer Nationalität und unserer Cultur eine Zukunft zu sichern. Freilich „ernst ist der Anblick der Nothwendigkeit“ auch für uns; aber warum sollten wir die Köpfe hängen lassen, wenn doch vor noch nicht langer Zeit selbst unser Mann der älteren Generation*) seinen historisch bedeutendsten Gedankengang mit den begeisterten Worten schloß:

„Mit den großen Ereignissen des Sommers 1866 ist endlich die breite, gesunde Grundlage für den Wiederaufbau des deutschen Staates gewonnen. Die Nation schickt sich an, wieder ein einiges Volk zu werden und die ihm gebührende Stellung unter den Weltmächten von neuem einzunehmen. Wenn das Herz von Europa erst wieder frei und ruhig schlägt, dann, aber nicht eher, wird eine neue Aera des Friedens und der Culturarbeit für die Menschheit anbrechen. Und der einzelne Deutsche wird stolz darauf sein, endlich wieder ein Vaterland zu haben; er wird das köstlichste Gut, welches das Schicksal zur Ausrüstung des Mannes zu verleihen vermag, nicht mehr so leichtsinnig von sich werfen und vor allem nicht mehr in der Zerfahrenheit und Zwecklosigkeit seines Einzeldaseins verkümmere; er wird an seinem Vaterlande, dem nationalen Staate, mit allen Fasern seines Herzens festgewachsen sein und da, wo die Wurzeln seiner Kraft sind, sich auch mannhaft bethätigen.

„Noch ahnt die Nation erst diese glorreiche Zukunft, noch steht sie mitten im unnützen „Erinnern und vergeblichen Streit“, noch zaudert sie, die durch die Kühnheit eines einzigen Mannes geglückte Revolution rücksichtslos im eigenen Interesse auszubeuten; aber glücklicher Weise sind die Dinge so angelegt, daß sie sich unvermeidlich zu ihren letzten Consequenzen entwickeln müssen, und daß Deutschland, selbst wenn es wollte, gar nicht mehr auf halbem Wege stehen bleiben kann. Der Tag der Auferstehung ist nicht mehr zu bannen, und mit Faust mag jeder Deutsche, nicht verzagend, sondern froh und freudig in den jungen Ostermorgen seiner nationalen Wiedergeburt hineinrufen:

„In's hohe Meer ward ich hinausgewiesen,
Die Spiegelfluth erglänzt zu meinen Füßen,
Zu neuen Ufern lockt ein neuer Tag!“

*) Dr. Friedrich Kapp „Geschichte der deutschen Einwanderung in Amerika“, Leipzig 1868, I pag. 869 f.

V.

Möglichkeit deutscher Colonisation.

„Was man nicht weiß, das eben brauchte man,
Und was man weiß, konnt' man nicht brauchen."
Goethe (Faust).

Der „Tag der Auferstehung Deutschlands" ist jetzt bereits seit einem Jahrzehnte angebrochen, und mit Riesenschritten ist seitdem unsere Nation ihrer „glorreichen Zukunft" entgegengeeilt; freilich zaudern die Alten noch immer im „unnützen Erinnern und vergeblichem Streit", das jüngere Geschlecht aber ist drauf und dran, „den jungen Ostermorgen unserer nationalen Wiedergeburt froh und freudig auszunutzen." Viel Zeit und Mühe, viel Geduld und Ausdauer sind nöthig, um unser großes Ziel zu erreichen; wir müssen unverdrossen einen Fuß vor den andern setzen, keine der Schwierigkeiten, die sich uns entgegenstellen, verkennen oder unterschätzen, aber dürfen auch keine Chancen, welche sich uns bieten werden, unbenutzt lassen. Und wer denn auch das Ziel selbst, die volle Blüthezeit deutscher Größe, deutscher Culturmacht und deutscher Weltwirthschaft, nicht mehr erleben wird, dem gewährt es doch schon reiche Befriedigung, diese große Zeit kommender Generationen im Geiste erschaut zu haben.

Diese kommenden Geschlechter werden auch in ihrem Glücke wohl unserer trüben Gegenwart nicht vergessen, die ihnen dann vielleicht als eine unbegreifliche Unerträglichkeit erscheinen wird. Und, es mag nun Herrn Dr. Kapp genehm sein oder nicht, auch er wird sicherlich als einer der ersten Vorkämpfer dieser kommenden großen Zeit genannt werden, so unwillig er sich auch jetzt zeigen und an so vielen bösen Eckfsteinen er sich auf seinem Wege auch stoßen mag. Warum aber mußte er denn gerade in seinem neulichen Referate (pag. 138) das jetzige Streben der jüngeren Generation als eine „Verirrung" bezeichnen, „zu der sie sich durch Herz und Gefühl verleiten lasse"?!

Ich habe in denjenigen Schriften, welche jetzt für überseeische Politik der deutschen Nation eintreten, auch nicht annähernd so viel „Herz und Gefühl" bemerkt, wie gerade in Herrn Dr. Kapps eigenen

Werken, wovon ja auch schon einige der hier aus denselben citirten Stellen Zeugniß ablegen. Aber ich bin keineswegs der Meinung, daß dieses etwas Tadelnswerthes sei, und daß es der Kapp'schen Darstellungsweise zum Nachtheil gereiche; es ist vielmehr ein sehr natürlicher und würdiger Schmuck derselben. Will man aber doch behaupten, daß in den genannten Schriften etwas mehr „Herz“ zu finden sei, als in Herrn Dr. Kapps jüngsten Aeußerungen, so mag dies in einem ganz besonderen Sinne wohl zugegeben werden, nämlich in der englischen Bedeutung des Wortes, wo »heart« (öfter als das deutsche Wort „Herz“) nahezu so viel bedeutet wie der Begriff „Muth“. Wir Deutschen gebrauchen in diesem speciellen Falle bis jetzt noch meistens nur das Fremdwort „Courage“. Es deckt sich nicht ganz mit dem Begriffe „Muth“, wir haben aber bisher kein deutsches Wort dafür. Möchten dereinst die Thatsachen sich so gestalten, daß wir die heute in der Politik so anrüchig gewordene Bedeutung des Wortes „Herz“ durch den Begriff der „muthigen Entschlossenheit“ ersetzten!

Herr Dr. Kapp hatte auch im Uebrigen noch ein ziemlich reiches Sortiment liebenswürdiger Malicen für uns aufgetischt, die wir ihm ebenfalls als unverdiente Geschenke wieder zurückgeben müssen. So bediente er sich mit Vorliebe des Ausdrucks „Colonisations-Chauvinisten“ und wollte damit speciell die Herren Dr. Fabri und Ernst von Weber charakterisiren. Sehen wir uns aber doch deren Art von „Chauvinismus“ einmal an!

Herr Dr. Fabri sagt in seiner mehrfach citirten Schrift; „Die Colonial-Frage ist für uns überhaupt keine politische Machtfrage. Wer sich bei derselben von dem Bestreben einer Macht-Erweiterung Deutschlands leiten ließe, hätte das Wesen derselben schlecht erkannt. Sie ist vielmehr eine Cultur-Frage. Deutschland, indem es nach Colonialbesitz sich umschaut, will nur eine nationale, ja wir dürfen sagen, eine sittliche Pflicht erfüllen. — Jeder Colonial-Besitz hat seine vernünftige Begrenzung, nämlich in den Bedürfnissen des Mutterlandes, vor Allem in der Summe von Menschen- und Capital-Kraft, die es an seine Colonien zu deren Benutzung und zum Besten des allgemeinen Cultur-Fortschrittes zu setzen vermag. Ueberschreitet die Colonial-Politik eines Staates, verführt vom alten Nimmersatt, diese Linie, so begeht sie ein Unrecht und eine Verkehrtheit zugleich, denn das Zuviel führt nothwendig zu einer Schwächung. — England leidet bereits an colonialer Uebersättigung, hat jedenfalls viel zu wenig ausreichendes Menschen-Material, um gegenwärtig seine colonisatorische Aufgabe lösen zu können, und muß dazu auch fernerhin viel deutsche

Arbeitskraft borgen. Wie ganz anders innerlich begründet stellt sich der von uns hier vertretene Vorschlag! Er bleibt außer Beziehung zu einer politischen Macht-Frage. Er verfolgt nichts, als eine Anwendung jenes Gesetzes der Selbsterhaltung, einer ungehinderten, freien und allseitigen Entwicklung, welches jedes große nationale Gemeinwesen als die Grundbedingung seines Bestandes und seiner Zukunft zu betrachten und zu ehren hat." *) Aehnlich sagt Herr von Weber in seiner Colonial-Schrift: „Die wirthschaftliche Verbindung, nicht die politische, ist das Wesentliche. Der gegenseitige Austausch von Rohproducten und Fabrikaten, die rege, befruchtende Wechselwirkung von Production und Consumtion, das Schaffen immenser neuer Werthe in der Colonie durch den stetig fortschreitenden Bodenbau und das fortdauernde Eröffnen neuer Erwerbsquellen durch Benutzung neuerschlossener Naturschätze haben die natürliche Wirkung, sowohl das Mutterland wie die Colonien stetig und anhaltend zu bereichern u. s. w." **)

Wenn Herr Dr. Kapp diese Ansichten und Bestrebnngen „Chauvinismus" nennt, so versteht er darunter jedenfalls ganz etwas Anderes, ja das Gegentheil von dem, was sonst mit diesem Worte bezeichnet wird. Es bedeutet vielmehr ein übertriebenes Streben nach Erweiterung der physischen Macht (à la Napoléon I) nicht aber eine Förderung und Ausdehnung der nationalen Cultur und des nationalen Wirthschaftsbetriebes. Ich weiß nicht, wie man den eigentlichen Chauvinismus stärker und wirksamer bekämpfen kann, als es gerade hier von Herrn Dr Fabri und Herrn von Weber geschehen ist. Abgesehen aber auch von dem Worte, wenn Herr Dr. Kapp wirklich solche Bestrebungen verwerflich fände, so möchte ich Curiositäts halber wohl wissen, wie er sich denn ohne dieselben die Cultur-Entwicklung einer Nation überhaupt denkt, oder wie er ein lebensfähiges Gedeihen der Volkswirthschaft ohne dieselbe für möglich hält?!

Noch eine andere zweifelhafte Delicatesse hatte Herr Dr. Kapp uns bescheert; dieselbe ist aber seit langer Zeit schon so abgestanden und übel riechend geworden, daß es peinlich ist, sich derselben zu nähern. Ich mag ihm diese Gabe nicht zurückreichen; er kann sie sich selbst nach Belieben zurückholen. — Als höchsten Trumpf über unsere Bestrebungen meinte er uns die Narrenuniform des unsterblichen Don Quixote de la Mancha überwerfen zu können. Während aber

*) Vergl. Dr. Fr. Fabri „Bedarf Deutschland Colonien?" pag. 55, 59 u. 86.

**) Vergl. Ernst von Weber „Die Erweiterung des deutschen Wirthschaftsgebietes" pag. 14.

die Gegner, die er suchte und die er auch zu bekämpfen sich einbildete, hinter ihm standen, unerkannt und ungestört ihre Arbeit fortsetzend, focht er nur gegen alte „Gespenster der Vergangenheit" und rannte in's endlose Blaue der Unwirklichkeit hinaus. Nun er sich etwas ernüchtert hat, sieht er zu seinem großen Schrecken seine Uniform über einer solchen alten „Windmühle" hängen. Da hängt sie noch! Mag er sie sich da herunterholen, wenn er sie nächstens wieder sollte gebrauchen wollen.

Dieser peinliche Irrthum des verehrten Herrn Doctors dürfte übrigens ohne alle nachhaltigen Folgen sein, denn er hatte mit dem Ergreifen der alten Narrenuniform nur ein unzweckmäßiges Kampfmittel gewählt, und bekanntlich Superflua non nocent, „Ueberflüssiges schadet nicht". Ihm soll offen und ehrlich Dank gezollt sein für seine vielseitige Erörterung derjenigen Bestrebungen vergangener Zeiten, welche mit den jetzigen Aufgaben der kommenden Generation Verwandtschaft oder doch Aehnlichkeit haben, und welche alle mehr oder weniger ungeschickte Vorläufer unserer zukünftigen Leistungen sind. Wenn er auch das eigentliche Wesen der jetzigen auf solche Leistungen hinzielenden Absichten verkannte, so hat er doch richtig durchgefühlt, daß es sich hier nicht um kleinliche Zwecke und alltägliche Interessen irgend welcher Personen oder einzelner politischer Parteien handelt, sondern um den Versuch der Lösung einer wichtigen Lebensfrage unserer Nation. Und es ist dies nicht nur unsere wichtigste Lebensfrage, sondern geradezu die Lebensfrage unserer Nationalität.

Nach meiner obigen generellen Darstellung des einseitigen, sich der Zukunft ganz verschließenden Standpunktes des Herrn Dr. Kapp könnte es nun fast unnöthig erscheinen, sich noch darauf einzulassen, seine einzelnen Behauptungen als nicht stichhaltig nachzuweisen. Indessen ist dies wohl nicht überflüssig, weil doch nur wenige seiner Behauptungen absolut unrichtig sind, und da es sich hier wesentlich um Anschauungen der Gegenwart handelt, deren relative Richtigkeit oder Irrigkeit wohl eingehende Erörterung fordern.

Wo? Wie? und durch Wen soll deutsche Colonisation geschehn? — das waren die Fragen, welche Herr Dr. Kapp rathlos stellte und durch deren ungenügende Beantwortung er die Unmöglichkeit deutscher Colonisation darzuthun suchte.

Die Legende, daß „die Welt weggegeben" gewesen sei, schon ehe die deutschen Idealisten als selbstständige Nation zum realen Leben erwachten, ist das Wiegenlied, mit welchem das jetzt alternde Geschlecht seine Ammendienste bei der kommenden Generation fleißig und pflichtgetreu versehen hat und zum Theil noch versieht. Um sich von diesem geographisch-politischen Ammenmärchen zu emancipiren, traten in den wichtigsten Städten Deutschlands Männer dieses jüngeren Geschlechts zu geographischen Gesellschaften und andern Vereinen zusammen. W e l c h e zur Colonisation oder Cultivation geeigneten Länder und w i e unsere deutsche Regierung dieselben in unsern Besitz bringen könnte, das sind freilich Fragen, die sich aller öffentlichen Erörterung entziehen. Wollte man dieselben jedoch erörtern, so könnte es sich überhaupt nicht darum handeln, welche Länder zur Colonisation geeignet sind, denn das haben ja die übrigen europäischen Nationen meist schon genügend herausgefunden, sondern vielmehr um die Frage nach denjenigen Arten überseeischer Länder, deren Erwerb für unsere Nation am nöthigsten, wünschenswerthesten, geeignetsten und am leichtesten zu beschaffen ist. Für unser großes Publicum aber kommt es jetzt nur darauf an, Das zu lernen und zu wollen, was unser Volk seinerseits zum Erwerbe dieser Länder zu thun hat; hierauf speciell richtet sich das vereinte Streben unserer jüngeren Geister. Natürlich hat auch Herr Dr. Kapp nicht erwartet, daß ein verständiger Staatsmann jemals auf seine Frage nach dem W o? anders antworten werde als durch die That. So wenig Englands Eifersucht oder die Möglichkeit eines Conflictes mit irgend einer fremden Regierung unüberwindliche Hindernisse für unsere deutsch-nationale Entwicklung sein können, so wahrscheinlich, ja selbstverständlich ist es doch, daß, wenn wir hier in Deutschland über solche Punkte hin und her kannegießern wollten, wir es dadurch unserer Regierung geradezu unmöglich machen würden, irgend etwas in dieser Richtung zu thun. England würde, namentlich wenn es sich um den Erwerb neutraler Gebiete handelte, viel schneller bei der Hand sein als wir. Ehe die vielen Sinne unserer vielen Köpfe sich nur hinlänglich darüber klar geworden wären, wo denn g a n z g e n a u der Ort oder die Gegend liegt, um welche es sich handelt, würde die brittische Regierung vor unserer Nase weg jeden solchen Platz, über welchen wir discutirten, längst besetzt oder sonstwie im Stillen unter ihren Einfluß und womöglich in ihre Gewalt gebracht haben. Damit wären dann allerdings solche Plätze einstweilen für uns wieder „weggegeben“.

Sehr offenherzig waren übrigens die Möglichkeiten künftiger Colonisation und speciell der Erwerb überseeischer Besitzungen für Deutschland vor Kurzem in einem Artikel des »Spectator«*) erwogen.

*) Vergl. »The Spectator« London, 18. September 1880, pag. 1180: The close of the era of colonisation.

Dort ist von Afrika die Rede, freilich nicht gerade von denjenigen Theilen des dunklen Continents, auf welche es am meisten ankommt, doch immerhin von Nord-, Süd- und Ost-Afrika, auch von Madagascar, dann von Süd-Amerika, Brasilien, Uruguay und Argentinien, von Inseln des Stillen Oceans, sowie von australischen Ländern, ferner von Hinter-Indien, Anam, Cambodja und Siam, endlich auch von Borneo und Japan. Der mögliche Erwerb alles Dessen wird uns zwar in mehr oder weniger directer Weise abgesprochen; Wer aber da zwischen den Zeilen zu lesen versteht, wird wahrhaftig mit Leichtigkeit erkennen, auf wie schwachen Füßen dieses Märchen von dem „vollendeten Abschlusse des Zeitalters der Colonisation" steht. Ja, das Streiten der physischen Mächte über den territorialen Besitz überseeischer Länder hat einstweilen aufgehört; aber der Kampf höherer Culturmächte um ihren Einfluß in solchen Ländern und um ihre culturelle Macht auch über fremde Völker und Raßen, dieser Riesenkampf von unbegrenzter Tragweite hat kaum begonnen. Auch der »Spectator« sieht sich genöthigt anzuerkennen, daß der bisherige Abschluß nur ein partieller, ein scheinbarer sei. Wenn aber der Schreiber jenes Artikels, ebenso wie der von mir schon oben erwähnte brittische Staatssecretär, Sir Chs. Wentw. Dilke, und mit ihnen jeder andere Engländer, Amerikaner oder sonstige anglisirte Mensch, das schließliche Resultat dieses Weltkampfes der europäischen Culturtypen bereits siegestrunken dahin entschieden glaubt, „daß auch die Deutschen sogut wie die Franzosen, Italiener und alle anderen Volkscharaktere einst ohne Unterschied in der großen Masse des angelsächsischen Typus, des englisch redenden Teutonen, verschwinden werden", so rechnen eben diese „Angelsachsen" offenbar nur mit Deutschlands Vergangenheit, aber ohne ein Verständniß unserer Gegenwart und unserer werdenden Zukunft. Wie sollte auch ein „angelsächsischer Weltbürger", der ja an eine große Zukunft der deutschen Nation zu glauben noch keine besondere Veranlassung hat, unsere Nationalität wohl anders als mit höflichem Mitleiden betrachten?!

Und doch basirt solcher Uebermuth nur auf einer sehr schwachen Berechtigung. Wenn nämlich Deutschland sich überseeische Besitzungen in derselben Weise erwerben wollte, wie England, Niederland und Frankreich sich die meisten der ihrigen verschafft haben, nämlich durch Waffengewalt, dann würden wenigstens diese Länder, wenn wir solche physische Macht gegen *sie* kehrten, vor dem Richterstuhle der Weltgeschichte keine Berechtigung haben, unter dem Drucke solcher Uebermacht zu murren. Daß aber eine Eroberungspolitik Deutschlands von dem Bereiche der Möglichkeit thatsächlich ausgeschlossen ist, das dankt die Menschheit doch nur dem von unserer Nation errungenen Culturfortschritte der allgemeinen Wehrpflicht, dem einzig richtigen Wege zur größtmöglichen Vermeidung aller Kriege überhaupt. Ausgeschlossen ist dadurch allerdings nicht, daß nach einem siegreichen Feldzuge, zu welchen das deutsche Reich durch die Schuld anderer Staaten getrieben würde, überseeische Gebiete statt unheilvoller Milliarden an uns als Kriegscontribution abgetreten werden könnten.

Es wäre indessen, wie schon gesagt, eine offenbare Absurdität, auch nur eine einzige solcher zahllosen Möglichkeiten hier gegenwärtig zu erörtern. Diejenigen Mittel dagegen, welche unser Volk auf dem Wege normaler Entwicklung in den Besitz der überseeischen Culturgebiete setzen werden, deren es bedarf, liegen in der Erwägung und Erkenntniß der auch im Obigen schon hervorgehobenen Gesichtspunkte: daß nicht die hier in Betracht kommenden Machtfragen, sondern nur die Culturfragen selbstständigen und bleibenden Werth haben; daß die größte Macht einer Nationalität ihre nationale Cultur ist; daß dabei die Ausdehnung ihrer politischen Macht im einen Falle selbstverständlich, im andern Falle sogar entbehrlich ist; daß endlich die Begriffe Colonisation und Cultivation, deren Gehalt einst nur ein roher Kern war im Vergleich zu ihrem jetzigen Inhalte, ihr Wesen in Zukunft noch ganz unendlich vertiefen werden; und daß solche extensive Cultur-Entwicklung der europäischen Raße eine nothwendige und voraussichtlich für lange Zeit tonangebende Seite der civilisatorischen Entwicklung des Menschengeschlechtes sein wird. Es kommt daher für unser Volk zunächst nicht so sehr auf die Einzelkenntniß möglichst vieler geographischer Thatsachen an, als vielmehr auf die Weckung eines lebendigen Sinnes für die verschiedenen Zustände und Verhältnisse des großen Ganzen der Erde und ihrer Völker und auf ein umfassendes Verständniß für die culturelle Stellung, welche die europäische Raße innerhalb des Entwicklungskreises der Civilisation einnimmt. Auf solcher Grundlage erst ist es möglich, die Aufgaben, welche unsere Nation innerhalb dieses gegenwärtigen Zusammenhanges der Welt hat, und die Chancen, welche uns gegenüber andern Völkern offen stehen, richtig zu beurtheilen. Auf dieser Grundlage aber ist dann auch bei nur einigem Nachdenken sehr bald zu erkennen, daß unsere Nation gerade jetzt und zukünftig im Stande sein wird, sich durch bisher nicht erreichte, culturelle Leistungen manche der günstigsten und umfangreichsten Ländertheile unseres Planeten zu eigen zu machen. Noch liegt in fernen Welttheilen über 10-mal soviel des besten Landes unausgenutzt, als die deutsche

Nation oder selbst die ganze europäische Raße heutzutage zu verwerthen, d. h. zu colonisiren oder zu cultiviren im Stande ist. Diese überseeischen Länderstrecken sind zum Theil von keiner civilisirten Macht besetzt, also völkerrechtlich neutral, zum Theil auch wohl nominell „weggegeben", aber doch nicht culturell im Besitze irgend einer uns fremden Nationalität. Es fragt sich für uns gegenwärtig nur, ob wir, d. h. unsere Reichsregierung danach streben sollen, diese Länder für unsere Nation und ihre Cultur zu gewinnen, oder ob unser alterndes Geschlecht es vorzieht, unser Volk weiter langsam versinken zu lassen. Ist diese Frage des Ob? einmal entschieden, dann ist der Rest lediglich Sache unserer auswärtigen Politik, — von deren geschickten, resp. genialen Leitung ja, wie bisher, so auch fernerhin unsere ganze national-politische Bedeutung in der Welt ausschließlich abhängt.

Die große Zahl der Möglichkeiten des Wo? der überseeischen Culturpolitik ist also für uns thatsächlich nur beschränkt durch die Art und Weise, wie wir uns solche Länder erwerben wollen, deren wir zum Gedeihen unserer Nation bedürfen. Es ist aber jedenfalls ein Glück für unser Volk, daß die erste Initiative zu dieser nothwendigen Richtung unserer nationalen Entwicklung außerhalb des Bereiches der unzähligen Parteien und Fractionen unseres Reichstags mit ihren hunderttausend verschiedenen Principien und endlos sich widersprechenden Bedenken liegt. Diese ältere Generation, die sich nun schon 10 Jahre lang erfolglos darüber streitet, wo unser Reichstagsgebäude hingebaut werden soll, die würde sicherlich nicht im Stande sein, sich darüber einig zu werden, wo wir überseeische Besitzungen erwerben könnten, oder sonstwie deutsche Colonialpolitik treiben sollten! Erst wenn unsere Reichsregierung irgendwo festen Fuß gefaßt haben wird, wo uns deutsche Colonisation oder die Gründung einer nationalen Handels-Niederlassung möglich ist, dann erst wird es lohnend sein, weiter darüber nachzudenken, ob wir solches Land national colonisiren wollen, oder ob wir die deutsche Flagge, welche wir dort aufgehißt haben, lieber wieder herunter holen, und von dort abziehen sollen. Mögen sich dann auch gedankenblasse Theoretiker schwächlich für die letztere Eventualität begeistern und ereifern, die Entscheidung kann ja dann doch im letzten Ende nicht zweifelhaft sein.

Wenn wir zum Beispiel eine Inselgruppe wie Neu-Seeland als deutsche Besitzung etwa im atlantischen Ocean liegen hätten, und es träte dann an die Nation und ihre Vertreter im Reichstage die Frage heran, ob wir denjenigen Deutschen, welche dorthin auszuwandern wünschen, dies ungehindert verstatten wollen, oder ob wir sie lieber, nach wie vor, durch Chicanen und Erschwerungen beeinflussen und möglichst ihre Uebersiedlung nach den Vereinigten Staaten von Nord-Amerika begünstigen wollen, wo sie unserer Nationalität total verloren gehen und meist unsere schärfsten Concurrenten werden: sicherlich würden da alle deutsch-gesinnten Deutschen wie ein Mann aufstehen und danach streben, daß wir uns auf solcher Inselgruppe ein eben solches neues deutsches Land schüfen, wie jetzt Australasien zu einer neuen englischen Welt wird, ein deutsches Land mit gleich rationeller Verwaltung, von gleicher wirthschaftlicher Prosperität, und ein Land, von welchem Deutschland auch annähernd dieselben commerciellen Vortheile und sogar noch mehr geistigen Einfluß und Anregung genießen würde, als sie England von Australasien erhält. Es kann wohl kein Zweifel sein, daß auch Herr Dr. Kapp selbst mit ganzer Kraft und mit offner, grader Gesinnung sich diesem Streben zuwenden würde. Es war in der That ein sehr wenig glücklicher Griff, als er die Frage nach dem Wo? der deutschen Colonisation überhaupt aufwarf. Gerade diese forcirte Rathlosigkeit gab allen abweisenden Aeußerungen und Stimmungen seines Vortrages eine sehr unvortheilhafte Aehnlichkeit mit dem Troste des Fuchses über die „sauren Trauben“. Wir haben bekanntlich eine solche deutsche Inselgruppe gegenwärtig nicht, und Herr Dr. Kapp wüßte offenbar dergleichen auch in keiner Weise zu beschaffen, deshalb war es für ihn opportuner, sich und uns glauben zu machen, daß wenn wir ein solches Land zur Disposition hätten, wir doch nichts Gescheutes damit anzufangen wüßten und nichts als lauter Thorheiten dort aufzustellen versuchen würden.

Eben derselbe Grundzug prägte sich namentlich in seiner Beantwortung der Frage nach dem Wie? der deutschen Colonisation aus. So war er nach Kräften bestrebt, seinen Zuhörern ein möglichst grausiges Gespenst deutscher Staatscolonisation vorzumalen. Preußische Regierungsbeamte, Kreisrichter, Landräthe, Officiere, Feldwebel, der „hohe Adel“ und schließlich auch die Oberrechnungskammer haben diesem genial à la Breughel entworfenen Schreckbilde als Staffage dienen müssen. Ob einzelne Züge dieses Bildes noch der Wirklichkeit unserer gegenwärtigen Verhältnisse entsprechen oder nicht, mag hier dahingestellt bleiben; die Zusammenstellung aller dieser Wunderdinge aber als die voraussichtlichen Grundelemente deutscher Colonisation war jedenfalls für die Anschauungen der jüngeren Generation ein durch nichts gerechtfertigter „Anachronismus". Herr Dr. Kapp malte da eine Colonie nach dem Muster der Begriffe des 18. Jahrhunderts. Wo sind denn aber Grund und Veranlassung zu glauben, daß wenn Deutschland heutzutage ein überseeisches Land colonisiren will, daß es dies dann nicht nach den reifsten Anschauungen des 19. Jahrhunderts thun wird?! Meint Herr Dr. Kapp etwa, daß wir im künftigen Jahrhundert unsere Preßfreiheit eingebüßt haben werden, oder daß in der kommenden Generation die öffentliche Meinung keine Macht mehr haben wird?! Sollte selbst das Undenkbare geschehen, daß unsere preußisch-deutsche Regierung danach streben wollte, überwundene, unpraktische und unhaltbare Zustände herzustellen, so würde doch jedenfalls irgend welche Dauer solches Systems durch deutsche Wissenschaft und deutsches Volksleben vereint unmöglich gemacht werden.

Ueber das Wie? der Colonisation würde, falls wir deutschen Colonialbesitz hätten, schwerlich verschiedene Ansichten gelten können, da die Erfahrung bereits hinlänglich gelehrt hat, welche Richtung die besten Erfolge sichert. Ein historischer Ueberblick über die „angelsächsische" Colonisation in den brittischen Colonien und in den Vereinigten Staaten von 1830 bis 1880 würde nahezu vollständig die heutigen Kenntnisse und Erfahrungen der Colonialtechnik darstellen; dazu würden einige Seitenblicke auf andere Länder und kurze Rückblicke in die Vergangenheit genügen, um eine systematische Darstellung und Begründung der fortan im Colonisationswesen festzuhaltenden Maximen und weiter zu verfolgenden Richtungen zu gewinnen.

Sehr treffend schilderte Herr Dr. Kapp in seinem Referate Das, was unsere deutschen Auswanderer im Auslande suchen, und die berechtigten Gründe, warum sie von der Heimath fortziehen. Wenn wir so diesen geistigen Causalzusammenhang unserer Massenauswanderung durchschauen und die Gegensätze der culturellen Verhältnisse hüben und drüben hinreichend kennen, so ist es um so eher sicher und selbstverständlich, daß wir unseren Auswanderern in deutschen Colonien alle ihre rationellen Bedürfnisse zu befriedigen, und zwar in besserer und vollständigerer Weise zu befriedigen streben werden, als ihnen dies in fremden Wirthschaftsgebieten zu Theil werden kann, und ohne unnöthiger Weise Uebelstände von hier dorthin zu übertragen. Was in aller Welt berechtigt denn Herrn Dr. Kapp zu der Vermuthung, man habe nicht das Wohl unserer Auswanderer im Auge, man wolle ihnen ein Joch auferlegen oder sie gar ausbeuten?! Freilich das anarchische Gelüste mancher Auswanderer nach einer rein „privatmenschlichen" Existenz und nach einem völligen Befreitsein von aller staatlichen

Organisation (pag. 121) das ist eine Täuschung, die sich ihnen in der civilisirten Welt nirgends und niemals thatsächlich realisiren wird.

Relativ richtig beantwortete Herr Dr. Kapp ferner auch seine Frage nach der Art und dem Geiste eines deutschen Colonisationswesens, indem er darstellte, wer die Führung desselben jedenfalls nicht übernehmen könne und solle. Seine negative Antwort lautet kurz gefaßt: „Jedenfalls nicht der Geist der älteren Generation!" — Unser jüngeres Geschlecht aber, so lautet die positive Antwort, hat bisher noch immer die Männer gefunden, welche es gebrauchte, und findet sie täglich für alle ihre Zwecke; warum sollten wir denn bezweifeln, daß wir auch fernerhin zur rechten Zeit die rechten Männer finden werden?!

Um den Beweis zu liefern, daß der Geist der älteren Generation für eine Leitung deutscher Colonisation nicht geeignet ist, hätte es übrigens der Ausfälle des Herrn Dr. Kapp gegen sein eigenes geistiges Fleisch und Blut nicht bedurft. Er spiegelt vielmehr durch sein ganzes Referat hindurch in unverkennbarster Weise an sich selbst diese Ungeeignetheit zu solcher staatsmännischen Leistung wieder. Ich denke dabei vor allem an seine bedächtige Aengstlichkeit vor vermeintlichen „Abenteuern". Er selbst hat doch oft genug anerkannt, und erkennt es auch jetzt in seinem Referate wieder unverholen an, daß die unverwüstliche Abenteuerlust, der übermüthige Thatendrang und der unbeugsame Starrsinn im Erstreben eines einmal gewollten Zieles ohne das pedantische Zurückschrecken vor dem vermeintlich „Unerreichbaren", daß gerade diese Abenteuerlichkeit des englischen Stammes den „angelsächsischen" Typus in allen Welttheilen zum herrschenden gemacht hat. In diesem Abenteuersinn, oder besser in dieser Unternehmungslust solcher genialen Männer wie Sir Walter Raleigh oder anderer seiner Zeitgenossen und geistigen Nachfolger, stellt sich eben der Ueberschuß männlicher Kraft dar, welche, wie zum Fortschritt aller Cultur-Entwicklung überhaupt, so auch zum Colonisiren und zur Leitung einer Colonie unerläßlich ist. Selbstverständlich soll damit hier nicht der Abenteuerlichkeit das Wort geredet werden. Der Typus des Lumpaci Vagabundus kann am Ende des 19. Jahrhundert nicht mehr ein Held germanischer Cultur sein. Colonisation ist heutzutage wahrlich nicht mehr ein phantastisches Abenteurerleben; aber sie erfordert heute mehr als je die himmelstürmende Energie der alten Zeit. Sie ist Arbeit, eigentliche saure Arbeit im höchsten Sinne des Wortes; Colonisation ist Culturarbeit.

An technischen Einwendungen gegen deutsche Colonialpolitik erhebt Herr Dr. Kapp nur zwei, und auch diese, obwohl schon oftmals widerlegt, sollen hier wiederum in Kürze als irrthümlich nachgewiesen werden.

Zunächst die Kostspieligkeit der Colonisation. Damit ist natürlich nicht die Beträchtlichkeit der erforderlichen Capitalauslagen gemeint, denn daß diese an und für sich in dem Geld- und Creditwesen der modernen Welt alle Bedeutung verloren haben, das weiß natürlich Herr Dr. Kapp sogut wie jeder andere gebildete Mensch auch. Es handelt sich vielmehr nur um die Sicherheit und die Rentabilität der erforderlichen Capitalanlagen.

Was nun zunächst die Sicherheit anbetrifft, so ist freilich der Credit des deutschen Reiches am Weltmarkte bisher noch verhältnißmäßig sehr gering. Für wie „sicher" aber immerhin die deutsche Nation an unserem heimischen Geldmarkte gilt, dafür haben wir bereits seit der Zeit des Norddeutschen Bundes einige befriedigende Besspiele aufzuweisen. Die Rentabilität extensiver Culturpotitik ferner hängt ausschließlich von der Energie und Geschicklichkeit ab, mit welcher solche Politik betrieben wird. Trotz der ungeheuren Reichthümer, welche Spanien aus seinen amerikanischen Besitzungen zog, hat sich die spanische Colonialpolitik für die spanische Nation schließlich nicht rentabel erwiesen. Mit culturschwachen Kräften begonnen, diente sie nur zur weiteren Demoralisation des Volkes. Nicht viel rentabler mag sich die jetzige Colonialpolitik der Franzosen für diese Nation erweisen. Die überseeische Politik Frankreichs im 17. Jahrhundert war allerdings ein wesentlicher Grundstein seiner späteren Größe; aber wenn die Franzosen jemals das Talent zu einer extensiven Cultur-Entwicklung gehabt haben, so scheint ihnen diese Begabung jetzt jedenfalls abhanden gekommen zu sein. Von dieser Begabung aber hängt der Erfolg der Colonisation allein ab. Diese war und ist auch die Ursache, weshalb England und Holland ihre überseeische Politik zu höchster Rentabilität erhoben haben und noch jetzt jährlich fast den gleichen Betrag als Handelsgewinn aus ihrer extensiven Culturpolitik ziehen, wie die Capitalauslage, welche ihnen diese ursprünglich gekostet hat. Für die romanischen Nationen wird Colonialpolitik wohl allerdings als eine schlechte Speculation gelten müssen; für die germanischen Völker aber ist sie eine Capitalanlage zu einem schließlichen Ertrage von 100 % pro anno. Wir Deutschen, das wird Herr Dr. Kapp wohl zugeben, dürfen uns auch für ein germanisches Volk halten! Ergo —

Wenn er aber in seinem Referate uns durch große Summen zu imponiren trachtete, so hatte er doch liebenswürdiger Weise selbst vorher für deren Entkräftung gesorgt. Also „die brittische Colonisation von 1845—1873 erforderte eine Auslage von 1600 Millionen Mark" nud „die Franzosen verausgabten für Algerien bis 1867 3 Milliarden Franks" (pag. 137). Angenommen selbst, wir wären gerade so ungeschickt zur Colonisation wie die Franzosen: daß diese einen guten Theil dieses Betrages durch die Gewinne aus ihrem Handelsverkehr mit dieser neu-erworbenen Provinz, sowie durch mancherlei politische und geistige Vortheile von dauerndem Werthe zurück erhalten haben und noch erhalten, das ist jedem gebildeten Menschen bekannt; betrachteten wir aber auch die 3 Milliarden als einen Reinverlust für Frankreich, so würde dieser Betrag immer doch nur eine Kleinigkeit sein gegen die Unsummen, welche die ältere Generation unseres Volkes aus hülflosem Unverstand alle Jahre durch ihre Massenauswanderung ohne all und jeden Ersatz oder Vortheil verschwendet hat. Nach Herrn Dr. Kapp's eigenen Berechnungen hat Deutschland allein durch seine Auswanderung nach Amerika in den letzten 60 Jahren einen Capitalverlust von 7,200 Millionen Mark gehabt (pag. 119), und dabei rechnet er, wie er selbst angiebt, das Baargeld der Auswanderer viel zu niedrig, 100 Thaler statt etwa 200 Thaler, und den Capitalwerth der Person durchschnittlich zu nur 500 Thaler, statt mindestens zu 800 Thaler; endlich ist dabei auch nur die Zahl der Auswanderer zu 4 Millionen angenommen, während die Gesammtzahl der überseeischen Auswanderung von Deutschland bisher mindestens 6 Millionen betragen hat.*) Wahrscheinlich also war der Gesammtverlust unserer Nation durch die Massenauswanderung 18 bis 20 Milliarden Mark (resp. 25 Milliarden Francs oder das 8-fache der Colonisationskosten Algeriens) — ein reiner Capitalverlust Deutschlands ohne irgend welchen directen oder indirecten Ersatz und ohne irgend welche materiellen oder ideellen Vortheile solcher Capitalvergeudung. Diesen Kräfteabfluß aber in einen Kräftezufluß zu verwandeln, darum eben handelt es sich hier.

*) Dabei rechne ich nicht blos die Auswanderer, welche aus deutschen Häfen und mit Kenntniß deutscher Behörden ausgewandert sind, sondern auch diejenigen, wohl meistens jüngeren, einzelnstehenden Leute, welche sonstwie über die Grenze gegangen sind und Europa von fremden Häfen aus verlassen haben. Vergl. hierzu in Virchows und v. Holtzendorffs „Wissenschaftlichen Vorträgen" Berlin 1866 Hefte 21 und 22 von Dr. Ernst Engel „Der Preis der Arbeit" und ferner in derselben Sammlung 1871, Heft 125 von Dr. Friedrich Kapp „Ueber Auswanderung" pag. 15—19 und den Anhang zu diesem Vortrage.

Der andere Einwand des Herrn Dr. Kapp stützt sich auf die Thatsache, daß unsere Kriegsmarine gegenwärtig schon reichlich groß sei, — eine Ansicht, die ich durchaus theile. Ganz irrig und unbegründet aber war seine Behauptung (pag. 135), „der Besitz von Colonien würde für uns eine noch größere Flotte bedingen". Gerade das Gegentheil!

Kriegsflotten braucht man nicht um seine eigenen Colonien zu vertheidigen, sondern vielmehr gerade zum Schutze der Angehörigen seiner Nation im Auslande, falls denselben in solchen fremden Ländern Unrecht geschehen sollte. Eine Marine ist allerdings für jede Colonialmacht zur Vermittlung der Regierung mit ihren überseeischen Besitzungen unentbehrlich, aber solche Länder schützt man nicht mit Schiffen, sondern durch Küstenvertheidigung. Eine Verwendung unserer Kriegsmarine zu solchen zweckwidrigen Operationen würde überdies wohl auch dem Grundgedanken unseres Systems der allgemeinen Wehrpflicht widerstreiten; es würde wenigstens gegenwärtig wohl nicht leicht sein, dem deutschen Volke die Vorstellung begreiflich zu machen, daß Deutschland mit seinen überseeischen Besitzungen ein homogenes Reich sein wird, für dessen Integrität jeder Deutsche in Person mit Blut und Leben einzustehen habe. Dies ist ja durchaus überflüssig.

Freilich, eine gelegentliche Unterstützung der überseeischen Gebiete von Seiten des Stammlandes durch Seesoldaten oder höchstens durch einige freiwillige Landtruppen bei kleineren, eine einzelne Besitzung betreffenden, Actionen ist ja immerhin nicht ausgeschlossen; in einem Kriege der ganzen Nation aber gegen eine andere Weltmacht muß natürlich jeder einzelne Theil des ganzen Reiches sich selbst schützen. Die überseeischen Gebiete bleiben ebenso gut, wie das Stammland selbst, für ihre Vertheidigung gegen fremde Eingriffe und Angriffe auf ihre eigenen localen Hülfsmittel, auf die Organisation ihrer eigenen Kräfte angewiesen. Die Gestaltung solcher Selbstvertheidigung mag in den einzelnen Fällen je nach Bedürfniß und Lage des Landes variiren und würde sich unter Umständen auch an vorhandene Verhältnisse anlehnen müssen. Gerade so gut wie die überseeischen Gebiete anderer Nationen in allen Theilen der Welt für ihren eigenen Schutz sorgen, sogut würden natürlich auch deutsche Besitzungen für ihre Vertheidigung selbst einstehen können. Allerdings werden wir wohl eine solche Vertheidigung wesentlich anders organisiren als z. B. das Wehrsystem des brittischen Caplandes; aber ich glaube behaupten zu dürfen, — jedenfalls besser!

Hätten wir aber selbst überseeische Besitzungen von der Ausdehnung derjenigen Englands, so brauchten wir deshalb doch kaum eine größere Seemacht als die, welche wir in diesem Jahre haben werden. Welche nennenswerthe Unterstützung sollte denn wohl sogar Englands großartige Flotte seinem canadischen Reiche, seinen australischen Colonien und seinem weiten indischen Herrschaftsgebiete angedeihen lassen können, wenn es etwa in einen Krieg gegen Amerika, verbündet mit nur einer einzigen europäischen Macht wie Rußland, Deutschland oder Frankreich hineingezogen würde?! Die wirkliche Sachlage ist vielmehr die: Colonien gewähren der Seemacht eine viel bessere und wichtigere Stütze als umgekehrt. Wir bedürfen eine Flotte als Rückhalt unserer diplomatischen Verhandlungen mit fremden Mächten und zum Schutze unserer Interessen in denjenigen Ländern, die uns nicht gehören, zu Demonstrationen namentlich uncivilisirten Völkern gegenüber, auch wohl einmal um einige Seesoldaten zu landen, zur Occupation neutraler Gebiete oder um Recht und Ordnung zu schaffen, und endlich, wenn es zum Aeußersten kommt, auch vielleicht zur Invasion der Küsten schlecht organisirter und ungenügend vertheidigter Gebiete einer gegen uns Krieg führenden Macht. Zur vollen, lebenskräftigen Entwicklung dieser unserer Flotte aber verhelfen uns erst eigene überseeische Besitzungen, welche den Blick unseres Volkes von der engen heimischen Scholle erheben über den unbegrenzten Horizont der großen, weiten Welt, und die uns zur Heranbildung einer Handelsflotte veranlassen, wie sie unserer Kriegsmarine als normale Basis ganz unentbehrlich ist.*)

Wie es eben für den Geist unserer älteren Generation charakteristisch ist, so sprach auch Herr Dr. Kapp sich nur speciell gegen deutsche Colonisation aus, nicht aber überhaupt gegen Colonisation überseeischer Länder, namentlich nicht gegen die des englischen Stammes, welche ihm in dem täuschenden Lichte einer „freien" internationalen Colonisation erscheint. Mag er und seine Generation aber auch fernerhin an solchem Weltberufe unseres Volkes

*) Dies ist einer der vielen nebensächlichen Vortheile, welche Colonialpolitik gewährt. Andere derartige Vortheile habe ich beiläufig in meiner „Ueberseeischen Politik" pag. 120 f. dargestellt. Der wichtigste derselben ist für uns wohl der, „daß wir uns in solchen überseeischen Ländern praktische Verwaltungsschulen schaffen, wie sie namentlich England und Niederland, aber auch Frankreich und andere Staaten, zu ihrem großen Vortheile besitzen. In der frischen Seeluft und der freieren Lebenssphäre der großen, weiten Welt wird unser Beamtenthum noch ganz anders gedeihen als bisher."

zweifeln, mag er sich erdrückt fühlen von dem Bewußtsein, daß unsere Nachbarvölker uns noch immer sehr weit an cultureller Bedeutung voraus sind, mag er glauben, daß unsere politische Nationalität sich auch fernerhin in der außereuropäischen Welt ihrer Unbedeutendheit wird schämen müssen: wir wollen trotzdem danach streben aus unserem deutschen Volke eine Nation zu machen, die sich ihrer Existenz in keinem Theile der Welt zu schämen haben wird, und die eine tonangebende Stellung im weitesten Kreise der Civilisation einnehmen soll.

Aus jenem schwächlich verzagten Zweifeln an unserer eigenen Nationalität erklärt sich auch die bis zur Unbegreiflichkeit schwache Beantwortung seiner dritten Frage nach der Möglichkeit deutscher Colonisation: Durch Wen soll diese Leistung vollbracht werden?

Herr Dr. Kapp meint, „der deutsche Auswanderer sei ein vortrefflicher Ansiedler, aber kein guter Colonist"; der Deutsche könne nicht selbstständig colonisiren, sondern nur im Gefolge und in den mehr oder weniger ausgefahrenen Geleisen einer fremden Nationalität; die deutsche Nationalität könne niemals stark genug werden, um sich in überseeischen Ländern selbstständig zu erhalten. Nach seiner Meinung gehören zu solchem selbstständigen Colonisiren Eigenschaften, die im deutschen Volke nicht vorhanden seien. „Zu einem guten Colonisten gehört vor Allem ein Mann, der auch den Regierenden selbstbewußt gegenüber tritt, der nicht blos gehorcht, sondern auch befiehlt und befehlen kann, der stets furchtlos für seine Sache eintritt, aber sich nicht vor jedem beliebigen Amtmann oder Landrath duckt. — Wenn man colonisiren will, dann muß man oft 5 gerade sein lassen. — In einer Colonie stellt sich der niederträchtigste, schlechteste Schurke neben den anständigsten Mann, das sogenannte verbummelte Genie, der Schiffbrüchige, der seinen Beruf verfehlt hat, neben den ehrlichen, von den besten Absichten beseelten Neuling. Leichtsinn und Bosheit, Laster und Verbrecheu treffen namentlich in einer neuen Colonie mit gutem Willen und ehrlichem Streben zusammen, und alle diese Bestandtheile einer erst werdenden Gesellschaft unternehmen gemeinschaftlich den Wettlauf nach dem Glück."*)

*) Vergl. Dr. Kapp's Referat, l. c. pag. 127, 129, 130 und 131. Man traut seinen Augen und Ohren kaum, wenn man gerade diese Begabung zum Colonisiren dem deutschen Volke von einem Manne absprechen hört und sieht, der noch vor wenigen Jahren den Satz aufstellte: „Ein Rückblick in das Leben unseres Volkes lehrt uns, daß Deutschland während seiner bürgerlichen Blüte die größte colonisirende

Das deutsche Volk soll nicht colonisiren können, weil ihm diese verschiedenen Bestandtheile, diese widersprechenden Eigenschaften fehlen. Ich möchte wohl wissen, wo in aller Welt sie denn zu finden sind, wenn nicht in Deutschland!

Würde etwa das Prototyp des jung-deutschen Nationalcharakters, würde der Fürst von Bismarck, wenn er nicht auf den Höhen der Gesellschaft, sondern in niederer Volksclasse geboren wäre, sich nicht zum Colonisten geeignet haben?! Hätte ein solcher Mann in irgend einer menschlichen Umgebung auf günstigem Culturboden physisch oder moralisch zu Grunde gehen können?! Hätte er wohl gar auf irgend einen unwissenden oder brutalen „angelsächsischen" Regierungscommissär warten müssen, um aus seinen eigenen und den ihn umgebenden Verhältnissen eine lebensfähige Colonie zu gestalten?! Doch Herr Dr. Kapp mag hier vielleicht entgegnen, der Mann, durch den die deutsche Nation wiedergeboren sei, stehe an Person, Geist und Character so hoch über dieser Nation, daß seine Fähigkeiten und Leistungen in keiner Weise für die Leistungsfähigkeit unseres Volkes maßgebend seien. Zugegeben, daß allerdings in der Person des Fürsten sich Eigenschaften vereinigt finden, die in solcher Weise vielleicht nicht ein zweites Mal im deutschen Volke wiederzufinden sind, so wird doch immer die Thatsache unbestritten bleiben, daß seine eigene Entwicklung das Wesen des deutschen Volkscharakters umgestaltet hat, und daß er selbst jetzt daheim sowie im Auslande als das Prototyp des sich neu-gestaltenden und sich immer schärfer ausbildenden Wesens eines „Deutschen" gilt.

Kann denn aber Herr Dr. Kapp im Ernste gerade an dem Vorhandensein derjenigen Eigenschaften, die er angeblich im deutschen Volkscharakter vermißt, zweifeln?! Hat er selbst etwa sonderliche Neigung sich vor dem ersten besten Landrath zu duken?! Oder begegnet er dieser Neigung etwa bei seinen politischen Freunden?! — Er blicke doch ein wenig nach links, wie die Parteiführer dort auftreten und wie stark die Volksparteien sind, die hinter ihnen stehen! Es ist allerdings ein Zeichen niederer Culturstufe oder doch wenigstens geringerer persönlicher Reife, wenn man sich urtheilslos und willenlos dukt, und dies war auch in allen europäischen Nationen der vorwiegende Volkscharakter früherer Jahrhunderte; aber selbst unter diesen älteren Generationen war doch unter gleich ungünstigen Ver-

Nation war, und gestattet den Schluß, daß zur Zeit seines Verfalls nur die Verkümmerung seines staatlichen Lebens, nicht aber etwa die geringere persönliche Tüchtigkeit des Einzelnen unser Vaterland von der großen Colonialpolitik ausschloß." (Gesch. d. deutsch. Einwanderung in Amerika, pag. 7.)

hältnissen äußerer Organisation gerade in Deutschland das Urtheil des Einzelnen relativ am wenigsten geneigt sich zu duken. Ich erinnere nur beispielsweise an Martin Luther. Und ich denke diese Abneigung gegen das Sich-duken zeigt sich wahrlich heutzutage bei uns krasser denn je! Was anders ist es denn als dieses Streben nach Selbstständigkeit, was in dem Chaos unserer politischen Parteien besonders die „systematische Opposition" zur Geltung gebracht hat und sie noch täglich wachsen macht?! *)

Doch auch hier könnte Herr Dr. Kapp einwenden, dies Alles seien Erscheinungen im wohl situirten Bürgerthume, in Gesellschaftsclassen, die durchaus nicht für den Typus der deutschen Auswanderer maßgebend seien. Wohlan denn, steigen wir hinab in die unteren Volksschichten, aus welchen die große Masse unserer Auswanderer stammt und auch fernerhin wohl stammen wird! — Ist der Socialdemokrat etwa der Typus jenes „deutschen Ansiedlers", der sich vor dem ersten, besten Landrath duckt, dem es unmöglich ist, einmal fünf gerade sein zu lassen, und der sich nicht sollte zu helfen wissen, wenn er eine Zeitlang mit zweifelhaftem Gesindel in einen Hexenkessel zusammengeworfen wird?! Diesen Millionen arbeitsfähigen deutschen Männern und Frauen, die heut mehr als je ihren verzweifelten Ideen nachbrüten, erscheint nur deshalb die Hoffnung auf eine sociale Revolution der einzige Trost in ihrem langsamen Verhungern und Verkommen, weil sie bisher, ebenso wenig wie Herr Dr. Kapp, im Stande sind, einen extensiven Cultur-Aufschwung unserer wirthschaftlichen Verhältnisse für möglich zu halten. Daß diese socialistischen, aber doch zugleich specifisch deutschen Volkselemente bisher nicht besonders zu einer planlosen Auswanderung im Sinne des Herrn Dr. Kapp geneigt sind, das ist nicht nur sehr natürlich, sondern ist gerade das beste Zeichen ihrer brauchbaren Starrköpfigkeit, welche sie sowohl geeignet wie gewillt machen wird, deutsch zu colonisiren, d. h. in überseeischen Ländern neues deutsches Leben und deutsches Wesen, deutsche Cultur und deutsche Staaten erstehen zu lassen, wie sie es zum Theil heutzutage schon in

*) Treffend wies auch schon Herr Gen.-Secretär Annecke in den kurzen, energischen Worten, die es ihm gestattet wurde, dem Herrn Dr. Kapp in jener volkswirthschaftlichen Sitzung zu entgegnen, darauf hin, daß der Anfang der brittischen Colonisation mit ganz ähnlichen Elementen geschah, wie mit denen, welche sich heute bei uns durch aristokratischen oder religiösen Zwang bedrückt fühlen: „William Penn und seine Genossen. Diese gemaßregelten Bürger wurden auch, als sie auf sich selbst angewiesen waren, freie Menschen; sie freuten sich ihres Daseins und ließen sich von den Einrichtungen ihres Mutterlandes außerordentlich wenig mehr beeinflussen." (Vergl. die Verhandlungen des 19. Congr. pag. 144.)

Süd-Brasilien thun. Oder glaubt Herr Dr. Kapp etwa, daß das Socialistengesetz und der Belagerungszustand mit den Symptomen der Starrköpfigkeit auch diese selbst unterdrückt habe?! Im Innern wüthet die Gährung nur um so heißer und wilder fort, je mehr ihr die Auslassung nach außen versperrt wird. Es kommen gegenwärtig in Preußen je 29 Proletarier auf nur 2 Gebildete, resp. auf je zwei den oberen und mittleren Gesellschaftsclassen Angehörenden, deren Einkommen die Pflege bürgerlicher Bildung ermöglichen.*) Von den ungefähr 40 Millionen Proletariern, die in Deutschland leben, würden sich, wenn es zu einer socialen Revolution käme, ohne Zweifel die große Mehrzahl nicht auf Seite ihres „Landraths" stellen. Und doch behauptet Herr Dr. Kapp, wir hätten in Deutschland nicht genügend naturwüchsiges Menschenmaterial, aus welchem sich in geeigneten überseeischen Ländern deutsche Colonien aufbauen könnten! Diese titanenhaften Geistes- und Körperkräfte bedrohen hier in Europa die normale Entwicklung der menschlichen Cultur, in jungen culturfähigen Ländern aber entwickeln sie sich erfahrungsgemäß zu neuen, lebensfähigen und kerngesunden Culturstaaten. Diese wachsenden Culturkräfte unseres Volkes sind gerade das beste Material, welches dem Weltbau unserer nationalen Cultur zur Basis und Structur dienen kann und dienen wird!

Ich gehöre nicht zu denen, welche befürchten, daß die straffe Organisation unseres Militär- und Polizeiwesens möglicher Weise nicht im Stande sein könnte, diese gährenden Culturkräfte unseres Volkes im Zaume zu halten; aber ich meine, daß es nicht genügt, blos intensiv die Lage unserer unteren Volksclassen zu bessern (Unfallversicherungs-Gesetz), sondern daß es auch zur Stärkung und zum Aufblühn unserer Nation unbedingt nothwendig ist, diesen unseren nationalen Kräften nach außen hin freien Lauf zu lassen. Auch Johannes Scherrs culturhistorische Prophezeihung einer großen socialen Revolution am Ende dieses Jahrhunderts erscheint mir nur als eine unzulängliche Vermuthung; sollte aber schließlich doch eine solche, Alles verschlingende Revolution unter uns ausbrechen, dann wird man dafür ausschließlich unser jetzt alterndes Geschlecht verantwortlich zu machen haben, welches in schwächlicher Verzagtheit und doctrinärer Verblendung durch ängstlichen Verschluß aller natürlichen Auswege unser Volk von der frischen Lebensluft der großen, weiten Welt ausgeschlossen hält. Sie sind die geistigen Rheumatiker, die bei

*) Vergl. hierzu die letzte Tabelle des vorigen Abschnitts (pag. 73).

jedem kleinen Luftzuge immer von Neuem Ach! und Weh! schreien. Zu Gunsten ihrer Altersschwäche wird das junge Leben der Nation erstickt!

Wie thöricht erscheint doch dem gegenüber die schöne Phrase, mit welcher der volkswirthschaftliche Congreß in den Resolutionen zu Herrn Dr. Kapps Referat sein Gewissen über diese traurige Sachlage zu beruhigen suchte (pag. 110). „Durch Gewährung eines möglichst unbeschränkten Raumes für die Entfaltung der geistigen und wirthschaftlichen Kräfte des Einzelnen muß diesem das Vaterland lieb und theuer gemacht werden."

Dieser gute Rath klingt wirklich sehr schön, und ist, wenn auch nicht gerade neu, so doch gewiß vortrefflich gemeint! Wenn nur Herr Dr. Kapp uns gleich dazu ausgerechnet hätte, wo und wie denn solcher „unbeschränkte Raum" für die ca. 40 Millionen Proletarier und ihren sich in ungeheuren Proportionen mehrenden „Kindersegen" in unserm kleinen, nicht über-fruchtbaren und wenig günstig gelegenen Lande gefunden werden soll. Es ist freilich zu vermuthen, daß sich in kommenden Zeiten die Productivität der europäischen Völker noch wesentlich heben wird, und daß auch auf dem beschränkten Boden Deutschlands eine größere Bevölkerung als jetzt ihr Auskommen wird finden können; bei unserem gegenwärtigen Volkszuwachse aber würden in 100 Jahren (ohne Auswanderung) 290 bis 300 Millionen Menschen im deutschen Reiche und in Deutsch-Oesterreich vorhanden sein, und die Zuwachsrate unserer Bevölkerung ist sogar gegenwärtig noch sehr beträchtlich im Steigen *). Jetzt leben in Deutschland und Deutsch-Oesterreich zusammen etwa 67 Millionen Menschen. Die Zahl der Bevölkerung, welche im nächsten Jahrhundert auf demselben Boden vielleicht leben könnte, schätzte ich oben auf höchstens 100 Millionen; die übrigen 200 Millionen müssen auswandern. Die Möglichkeit dieser angegebenen Volksdichtigkeit wäre denkbarer Weise bei unserer einseitig intensiven Entwicklung durch weitere technische Fortschritte sowie durch verbesserte und erweiterte Organisation unserer Productionsmittel wohl zu erreichen. Aber darauf, daß wir so und so viele Millionen Proletarier mehr, halb verhungernd und verkommend, zwischen Leben und Sterben bei uns eine unglückliche Heimath schaffen, darauf kommt es ja auch Herrn Dr. Kapp nicht an, sondern darauf, daß wir den Wohlstand

*) Vergl. hierzu die Anmerkung zur Tabelle 3 des Anhangs und meine „Ueberseeische Politik" pag. 132—134.

und die Wohlfahrt unserer Bevölkerung, wie groß oder klein sie denn auch immer sein möge, fördern, daß wir das Capital und die Cultur unserer Nation mehren. Dieses kann jedoch, wie ich oben dargestellt habe, nur dadurch geschehen, daß die Culturkräfte unseres Volkes intensiv und extensiv mehr und schneller wachsen als die Naturkräfte desselben, unsere Arbeitskraft (Volkszahl) und unser Capital. Bei der einseitig intensiven Entfaltung unserer nationalen Culturkräfte aber hat sich herausgestellt, und macht sich jeden Tag stärker geltend, daß unsere Volkszahl nur noch immer schneller wächst und daß zugleich unsere relative Uebervölkerung, die Noth unseres Wirthschaftslebens, immer mehr zunimmt *).

Deutschland ist in dieser Hinsicht thatsächlich in einer ganz ähnlichen Lage wie Brittisch-Indien, dieses „reiche" Land, welches durch die ungenügende Verwaltung des englischen Doctrinarismus unaufhaltsam dem Staatsbankerotte zugetrieben wird. Es muß allerdings anerkannt werden, daß dies die schwierigste und großartigste Culturaufgabe ist, welche die Civilisation bisher je der europäischen Staatskunst gestellt hat: mit einer Handvoll Europäer ein fernes Land zu regieren, voll Hunderten von Millionen halbcivilisirter Völker fremden Stammes und mit fremder Cultur! So weit aber auch die brittischen Erfolge hinter der Lösung dieser Aufgabe zurückbleiben, so sind doch gerade wir Deutschen bisher am aller wenigsten berechtigt, auf die Mängel und Irrthümer dieser brittischen Regierung hinzuweisen, denn wir selbst haben bisher noch niemals und nirgends in der Welt praktisch versucht zu beweisen, daß wir eine solche Aufgabe

*) Herr Dr. Kapp geht in dieser Richtung sogar noch über diese meine Behauptung hinaus, wenn er in seinen Resolutionen (pag. 110) sagt: „Die Auswanderung findet ihre Erklärung in dem Gegensatze der leiblichen Bedürfnisse und politischen oder geistigen Ziele des Einzelnen zur jeweiligen wirthschaftlichen, intellectuellen und staatlichen Lage der Allgemeinheit." Wenigstens für unsere gegenwärtigen Verhältnisse trifft dies wohl nicht ganz zu. Außer der wirthschaftlichen Nothlage unseres Volkes sind allerdings auch unsere politischen Parteiverhältnisse so blamabel und deprimirend wie nur möglich; aber, daß dieselben irgend welche tüchtigen Kräfte unserer Bevölkerung zur Auswanderung trieben, ist doch nicht wahrscheinlich. Immerhin jedoch ist der obige Wunsch und das Streben des Herrn Dr. Kapp und seiner Gesinnungsgenossen in vollem Maße anzuerkennen. Auch die kommenden Generationen werden nach Kräften an dieser intensiven Fortentwicklung unserer nationalen Cultur mitarbeiten, sie werden dahin streben und wirken, auch die intellectuelle und politische Lage unseres Volkes so zu heben, daß der Entfaltung der geistigen Kräfte des Einzelnen ein möglichst „unbeschränkter Raum", d. h. eine möglichst intensive Verwendung gestattet sein wird.

besser zu lösen verständen; ja wir haben uns bisjetzt noch nicht einmal soweit aufgerafft, um die ähnliche Aufgabe für unser eigenes Land bewußtermaßen lösen zu wollen.

Seit fast 100 Jahren (ich rechne von William Pitts India Bill 1784 und von der General-Gouverneurschaft des Lord Cornwallis 1786 an) sind brittische Staatsmänner ersten Ranges in ernster und ehrlicher Weise bemüht gewesen, die Pflichten der Civilisation an ihren indischen Völkern zu erfüllen und Ordnung zu schaffen in diesem Culturchaos, dem verwickeltsten im ganzen Kreise des Menschengeschlechts. Seit Jahrzehnten macht die anglo-indische Regierung besonders große Anstrengungen die wirthschaftliche Cultur des Landes und seiner Völker intensiv zu heben und dort Humanität mit allen von der heutigen Civilisation anerkannten Mitteln zu fördern; aber jeder neue Jahresbericht stellt in immer unzweifelhafterer Weise die Thatsache fest, daß die Bevölkerung durch diese einseitig intensive Cultur-Entwicklung noch immer stärker anwächst, und daß zwar auch die Wohlfahrt dieser indischen Völker im Vergleich zu den Zeiten des Großmoguls in riesigen Dimensionen gewachsen ist und noch wächst, daß aber doch der Ertrag des Landes mehr und mehr hinter seinen Bedürfnissen zurückbleibt.*) Die Berichte der indischen Regierung wer-

*) Ich denke hierbei weniger an die indischen Bluebooks und deren jährlich wiederkehrenden Nummern »Progress and Condition etc.« und andere, als vielmehr an die öffentlichen Vorträge des Chefs des indischen statistischen Büreaus in London, Dr. W. W. Hunter, der höchsten Autorität in diesem Fache. Die besten Commentare zu seinen Reden finden sich im Economist vom November 1879 und November 1880. Wichtig ist ferner auch das jüngst erschienene Bluebook, P. P. 1880, c. 2732: Report by Mr. James Caird on the »Condition of India«, eine Extranummer.

Der wesentlichste Mangel der anglo-indischen Verwaltung ist wohl der, daß sich dieselbe bisher fast ganz auf das Princip der freien Concurrenz beschränkt. Wann und wo in europäischen Verhältnissen des 19. Jahrhunderts die Culturkräfte der Völker genügend herangereift sind, mag allerdings eine Entfesselung dieser Kräfte, soweit sie einander gewachsen sind, wohl zu einer gegenseitigen Anregung und Hebung derselben führen. In orientalischen Verhältnissen aber, welche ungefähr unseren Zuständen des 13. Jahrhunderts entsprechen, bewirkt das Princip der freien Concurrenz nur eine Ausbeutung und Unterdrückung der zu schwachen Kräfte durch die stärkeren und einen Mißbrauch der humanen Maßregeln der Civilisation durch brutale Kräfte, welche diesem „Menschenthum“ noch zu fern stehen, um seine Segnungen begreifen und genießen zu können. Dieses ist auch schon in deu 60-ger Jahren von anglo-indischen Beamten anerkannt worden, z. B. von J. W. B. Money. Dieser scharfsinnige und erfahrungsreiche Beobachter wies in seiner publicistischen Arbeit über »Java« (London 1861, Hurst & Blackett) besonders auf die Principien hin, mit welchen die Niederländer ihre ostindischen Besitzungen, trotz mancher den trotz aller Schönfärberei sachlich immer zweifelhafter, und zwischen den Zeilen erkennt man bei all ihren in den letzten Jahrzehnten angestellten Untersuchungen über die Hebung ihrer financiellen Lage doch nur zu deutlich, daß je besser und humaner sie das Land regieren, desto massiger wächst ihnen die Volkszahl desselben über den Kopf, desto unbefriedigender werden die wirthschaftlichen Verhältnisse der Bevölkerung und desto größer wird die Nothlage der Regierung.

Aehnlich, wenn auch in geringerem Maße, geht es uns daheim. Freilich stehen wir noch nicht so nahe vor dem Bankerott, welchem Indien unter brittischer Herrschaft mit sicherem Schritte entgegen geht, aber bei dem Fortbestehen unserer gegenwärtigen engen Verhältnisse ist uns der financielle und culturelle Bankerott nicht weniger sicher. Der Unterschied ist nur der: Indien ließe sich vielleicht durch intensive Cultivation in größerem Maße heben als dies den Engländern gegenwärtig möglich ist, es ist aber fortan ausschließlich auf solche intensive Entwicklung angewiesen; Wir dagegen werden als eine civilisirte Nation Europas auch bei der höchst-gesteigerten intensiven Cultur allein nie gedeihen können, wir sind vielmehr in unmittelbarster Weise auf extensive Entwicklung angewiesen. Wenn aber wir uns der Aufgabe, unser Volk von 45 Millionen Menschen zu retten und zu heben, nicht mehr gewachsen zeigen wollen, als es die Engländer derselben Aufgabe den 240 Millionen ihrer indischen Völker gegenüber zu sein scheinen, dann haben wir noch kaum einen blassen Schein der Entschuldigung, welche die Britten vor dem Forum der Culturgeschichte doch immerhin haben werden. Wenn wir uns jetzt nicht aufrafften, sondern auch den Rest der Zeit bis zu unserer gänzlichen Auflösung in das Nirvana der „angelsächsischen" Internationalität schwächlich verträumten, so wäre das für uns eine ganz unsterbliche Blamage.

Trotz dieser verderblichen Folgen der Einseitigkeit unserer bisherigen Entwicklung bin ich übrigens selbstverständlich weit davon entfernt, die Fortschritte dieser intensiven Cultur-Entwicklung an und für sich zu tadeln oder zu beklagen. Mancher Segen und manche Freude ist mit derselben auch bei uns gestiftet worden; aber doch hat sich die proletarische Bevölkerung unseres Vaterlandes weder vermindert, noch ist sie glücklicher und zufriedener geworden. Wir haben

---

unnöthigen Erschwerungen durch altmodische Verkehrtheiten und einerlei ob absichtlich oder unabsichtlich, jedenfalls thatsächlich der Civilisation näher geführt haben. Aber diese Gedanken sind bisher in England nur mit dem souveränen Hochmuth des Doctrinarismus verachtet und verlacht worden. In einigen Jahrzehnten freilich wird man auch im englischen Parlamente wohl etwas anders über diese Sachlage denken.

unserm socialdemokratischen Volke Gewerbeschulen, Volksschulen und Bildungsanstalten aller Art nach äußersten Kräften beschafft. Doch was war der Erfolg davon? — Es ist uns gerade so ergangen, wie dem Prospero in Shakespeares „Sturm", den Kaliban für all' die uneigennützig auf ihn verwandte Liebe und Mühe noch angeifert:

„Ihr lehrtet sprechen mich, und mein Gewinn
Ist, daß ich weiß zu fluchen: Hole euch die Pest
Für's Lehren eurer Sprache!"

VI.

Ein nächstliegendes Ziel.

„Nichtswürdig ist die Nation, die nicht
Ihr Alles setzt an ihre Ehre!"
Schiller (Jungfrau von Orleans).

Es ist hier nicht meine Absicht, weiter auf irgend eine der großen Culturaufgaben einzugehen, welche unserer Nation als Weltberuf gesetzt sind oder sein werden. Wir haben unsere Kräfte zunächst an kleineren Leistungen zu erproben, an Vorarbeiten, denen unsere vorhandenen Mittel mit Sicherheit gewachsen sind und die zur Uebung und Stählung unserer Kräfte dienen werden. Von solchen näher liegenden Zielen unserer überseeischen Politik soll hier nur ein einziges hervorgehoben werden.

In solchen Fällen, in denen sich der Einfluß unserer Reichsregierung nicht direct auf Colonisation oder Cultivation richtet, kann es sich also nur indirect um die colonisatorische oder cultivatorische Bethätigung unserer Nation handeln. Die Vortheile aber, welche durch eine solche erzielt werden sollen und können, sind kurz gefaßt folgende:

1) Vermehrung des Absatzes unserer nationalen Production; Erweiterung unserer Welthandels-Connexionen;

2) Verwendung der wirthschaftlichen Kräfte unseres Volkes in rentablerer Weise als daheim;

3) Versorgung unserer Nation mit Rohstoffen (und Brod) durch Verwerthung unserer Auswanderung, unserer Intelligenz und unseres Capitals in Ländern, wo dieselben geistig und commerciell in einer directen Verbindung mit der Heimath bleiben;

4) Anregung eines lebendigen Verständnisses in Deutschland für außereuropäische Verhältnisse durch Erhaltung eines Zusammenhanges der auswandernden Deutschen mit unserm heimischen Volksleben; Ergänzung unserer theoretischen Vielwisserei durch vermehrte praktische Erfahrung;

5) Hebung der Thatkraft und Unternehmungslust; Weckung des Welthandelsgeistes unserer Nation;

6) Kräftigung unserer Nationalität durch Deutsch-Erhaltung unserer auswandernden Landsleute; Stärkung unseres nationalen Einflusses in überseeischen Ländern.

Diejenigen fremden Staaten, welche uns alle diese Vortheile gewähren können, sind nicht gerade zahlreich. Dasjenige Land dieser Art aber, welches mit gutem Grunde sich gerade in der letzten Zeit besonders in den Vordergrund gedrängt sieht, ist Süd-Brasilien.

Hier handelt es sich natürlich nicht um den Erwerb von Colonien für das Deutsche Reich, sondern eben nur um Verwendung unserer Auswanderung zu Gunsten unserer eigenen Nation sogut wie des fremden Landes. Unsere Auswanderung soll nicht nach einer neuen, unbekannten Gegend oder in riskante Verhältnisse dirigirt werden; sie muß aber vor allem von dem ihr bisher angelegten, ungerechtfertigten Zwange befreit, es muß unparteiische Gerechtigkeit gegen jeden Auswanderer ohne Unterschied geübt und jedem die freie Wahl seiner Bestimmung überlassen werden. Ferner ist dann eine rationelle „Organisation unserer Auswanderung“ dringend erforderlich. Herr Dr. Fabri, der vornehmlich diese Forderung aufgestellt hat, definirt dieselbe folgendermaßen*): „Unseren Auswanderern müssen in überseeischen Ländern die Bedingungen geschaffen werden, unter welchen sie nicht nur wirthschaftlich gedeihen, sondern unter Wahrung ihrer Sprache und Nationalität (Volkstypus) auch in reger nationaler und ökonomischer Wechselwirkung mit dem Vaterlande bleiben!“ Dort in Süd-Amerika gilt es, derartige, schon seit Jahrzehnten bestehende, für unsere Nation besonders günstige Verhältnisse bei gutem Gedeihen zu erhalten nnd ihre normale Entwicklung zu fördern.

Ueber die Rückwirkung der Auswanderung einer Nation auf ihre heimathlichen Verhältnisse bestehen noch heute in Deutschland die wunderlichsten Anschauungen. So war es u. a. auch eine durchaus unzutreffende Behauptung des Herrn Dr. Kapp, wenn er in seinem Referate (pag. 117) meinte, daß „ein namhafter Theil unserer Ausfuhr nach den Vereinigten Staaten durch die deutsche Auswanderung dorthin veranlaßt wird.“

Im Allgemeinen wird solche Auswanderung, namentlich derjenigen Volksclassen, welche nach Ländern wie Nord-Amerika überzusiedeln pflegen, deshalb nur wenig Einfluß auf den Handelsverkehr mit solchen Ländern üben, weil diese Auswanderer ohne allen äußeren nationalen

*) Vergl. „Bedarf Deutschland Colonien?“ pag. 26.

Halt culturell zu unselbstständig sind. Der Welthandel wird vielmehr von einer geistig sehr viel höher stehenden Gesellschaftsclasse geleitet, und zwar werden diese Kreise sehr viel unmittelbarer durch das „Band der Nationalität" beeinflußt, als jenes Völkerdünger-Material unserer „planlosen Auswanderung". Wie groß oder gering die Einwirkung solcher sich entnationalisirenden Auswanderung nach fremden Sprachgebieten auf die Ausfuhr nach diesen Wirthschaftsgebieten ist, erhellt aus folgender Tabelle:

Auswanderung und Ausfuhr nach den Vereinigten Staaten

In den Jahren	von Großbritannien,		von Deutschland,*)		von Frankreich.	
	Auswanderung	Ausfuhr	Auswanderung	Ausfuhr	Auswanderung	Ausfuhr
	Kopfzahl der Auswanderer	M. pr. Kopf der britt. Bevölkg.	Kopfzahl der Auswanderer	M. pr. Kopf der deutsch. Bevölkg.	Kopfzahl der Auswanderer	M. pr. Kopf d. franz. Bev.
bis 1859	2'750,874	16.99	1'486,044	2.19	208,063	9.37
1860—69	1'106,976	15.03	784,719	2.17	37,749	3.81
1870—74	627,769	23.70	489,429	4.40	47,723	8.65
1875—79	165,848	13.22	122,657	2.84	20,964	7.08
Summen und Durchsch.	4'651,496	16.79	2'882,849	2.75	314,199	6.54

Stände die Auswanderung in einem directen Verhältnisse zur Ausfuhr, so hätte der Export von Deutschland 9-mal so groß sein müssen, wie der Frankreichs; er war aber nicht halb so groß. Wie bedeutend dagegen der Einfluß nationaler oder Stammes-Gemeinschaft und des dadurch bedingten Bandes gemeinsamer Sprache, Sitte und Gewohnheiten ist, geht daraus hervor, daß nach der Stärke der Auswanderung berechnet, die Ausfuhr von England nur um die Hälfte bis 3/4 größer hätte sein müssen, als diejenige Deutschlands, und doch war sie 5½-mal so groß — ein Unterschied, den kein sachkundiger Mann allein, oder auch nur hauptsächlich, auf die qualitative Ueberlegenheit der englischen Industrie über die deutsche zurückführen wird.

*) Herr Dr. Kapp erhebt zwar in seinem Referate (pag. 116) gegen die deutschen Einfuhr-Angaben in Amerika die Einwendung, daß die aus den früheren Jahrzehnten herrührenden garnicht die deutsche Ausfuhr, sondern nur diejenige über Stettin und Triest darstellten, also keinen Vergleich mit unsern vollständigen Angaben seit der Begründung des Deutschen Reiches zuließen. Dieser Uebelstand ist aber bereits durch die Publication des Jahrgangs 1878 der Annual Statements on the Commerce and Navigation of the United States wenigstens bis 1859 zurückgehend gehoben worden. Der erste Theil dieses Jahrgangs giebt einen neu-bearbeiteten Retrospect der commerciellen Beziehungen Amerikas, zum Theil schon von 1790 an.

Während ferner die verschwindend geringe Auswanderung von Frankreich nach Amerika offenbar garkeinen Einfluß auf die Ausfuhr dorthin hat, die französische Industrie aber an Güte, Preiswürdigkeit und auch an europäischem Prestige bis jetzt hinter der englischen nicht zurücksteht, so war und ist doch, per Kopf der Bevölkerungen gerechnet, der brittische Absatz in Amerika 2½-mal so groß wie der französische.

Es ist allerdings wohl zu vermuthen, daß das gestärkte oder wiederkehrende Nationalgefühl unserer deutschen Kaufleute und auch unserer Einwanderer in Nord-Amerika ihr Theil zu der plötzlichen Verdopplung unserer Ausfuhr dorthin im Anfang der 70-ger Jahre beigetragen hat. Zwar war die Zunahme des Handelsverkehrs jener Zeit, hier wie in allen andern Ländern, wesentlich bedingt durch die Hausseperiode unserer Raße, und außerdem für Deutschland speciell durch die erhöhte Concurrenzfähigkeit unserer Industrie; aber durch diese Steigerung ihrer Concurrenzfähigkeit würde unsere Industrie noch nicht thatsächlich zu einer derselben entsprechenden Concurrenz gebracht und ihr ein so stark vermehrter Absatz geschafft worden sein, wenn nicht gleichzeitig die Erstarkung unserer Nationalität und die damit gewonnene Begründung eines Prestige derselben bei Fremden, sowie namentlich bei unsern eigenen Landsleuten, den rentablen Absatz unserer Production begünstigt hätte *). Auch unsere Auswanderer in Amerika mögen dabei in Betracht kommen, insofern diese Erstarkung unserer Nationalität in dem Hängen an den vaterländischen Gewohnheiten und Fabrikaten auch noch in diesen, unserer Nation bereits verloren gegangenen Kräften nachgewirkt, und dadurch dort die Nachfrage nach den Erzeugnissen unserer Industrie gesteigert haben mag.

Als ein allgemein gültiges Culturgesetz wird man für den nationalpolitischen Werth der überseeischen Auswanderung folgenden Satz aufstellen können:

> Je stärker das Nationalbewußtsein eines Volkes und je nationaler die auswandernden Elemente in Sprache und Sitte erhalten bleiben, desto mehr wird auch die Ausfuhr und somit der Wohlstand der Nation durch solche Auswanderung gefördert.

---

*) Daß auch Frankreichs Ausfuhr nach den Ver. Staaten im Anfange der 70-ger Jahre sich so sehr hob, daß dieselbe fast ihre frühere Bedeutung, wie sie sich noch im Jahre 1859 zeigte, zeitweilig wieder gewann, das mag zum Theil ebenfalls auf eine Stärkung der Nationalität und des Nationalgefühls im französischen Volke nach den aufrüttelnden Schlägen ihres nationalen Unglücks in den Jahren 1870 und -71 zurückzuführen sein.

Die Richtigkeit dieses Satzes bewahrheitet sich vor allem durch einen Vergleich unserer Beziehungen zu den Ver. Staaten und zu Brasilien. Die meisten unserer Verhältnisse zu diesen beiden Ländern sind analog; eine gesunde Basis lebhafter Handelsbeziehungen lag seit Jahrzehnten vor, und die gesteigerte Concurrenzfähigkeit unserer Industrie mußte gegenüber dem einen Lande ebenso wirken, wie dem andern gegenüber. Der Unterschied beider Länder für uns ist aber der: während die Deutschen in den Ver. Staaten bekanntermaßen schnell entnationalisirt werden, erhielten sich dieselben in Süd-Brasilien seit drei Menschenaltern bis auf diesen Tag deutsch in Sprache und Anschauungen, deutsch in Wesen und Gewohnheiten. Dieser Unterschied war jedenfalls eine der wesentlichsten Ursachen, welche die verschiedene Gestaltung unserer Ausfuhr nach diesen beiden Ländern bewirkte:

Deutsche Auswanderung und Ausfuhr

In den Jahren	nach den Ver. Staaten		und nach Brasilien.*)	
	Zahl der Auswanderer v. Deutschland.	M. pr. Kopf d. amerikanischen Bevölkerung.	Zahl der Auswand. v. d. Hansestädten.	M. pr. Kopf d. brasilianischen Bevölkerung.
bis 1859	1'486,044	2.38	19,884	1.05
1860–64	204,119	1.86	4,706	1.44
1865–69	580,600	2.40	8,890	1.56
1870–74	489,429	3.77	11,902	2.22
1875–79	122,657	2.40	10,656	2.51
Summen u. Durchschnitte	2'882,849	2.56	56,038	1.82

Während unsere Auswanderung nach den Ver. Staaten über 50-mal so stark gewesen ist wie die nach Brasilien, war unsere Ausfuhr nach Nord-Amerika nicht einmal um die Hälfte per Kopf der Gesammt-Bevölkerungen größer; und während unsere Ausfuhr nach den Ver. Staaten seit 1859 per Kopf der stark zunehmenden amerikanischen Bevölkerung mit einigen Auf- und Abwellungen sich im Wesentlichen gleich geblieben ist, hat unsere Ausfuhr nach Brasilien, in derselben Weise berechnet, sich seit jener Zeit mehr als verdoppelt.

Dieses sind die Verhältnisse durch deren ruhige und unbefangene Beobachtung unsere Nation ihre überseeischen Interessen beurtheilen

*) Diese Angaben unserer Ausfuhr nach Brasilien umfassen, ebenso wie die Zahlen der Auswanderer dorthin, nur den Verkehr über Hamburg und Bremen. Diese Daten reichen hier völlig aus; vollständige Daten, welche den Angaben für die Ver. Staaten genau entsprechen, sind für Brasilien nicht zu beschaffen. Vergl. hierzu auch die Tabellen 4 bis 6 des Anhangs.

lernen kann. Hier ist es, mehr noch als an manchen andern Orten der außereuropäischen Welt, Pflicht unserer Reichsregierung schützend und fördernd einzugreifen. Hier ist ein schweres, unserer Nation geschehenes Unrecht wieder gut zu machen.

Ein Circular-Erlaß des preußischen Handelsministers von der Heydt, datirt vom 3. November 1859, beeinträchtigt trotzdem noch heutzutage gerade unsere Auswanderung nach Brasilien in aller directester Weise. Auch in Baden und Würtemberg wird jetzt noch die Concession einer Agentur für die Auswanderung nach Brasilien verweigert, in Preußen aber kann sogar schon die Ertheilung einer ehrlichen und wahrheitsgetreuen Auskunft über Brasilien und die Auswanderung dorthin strafrechtlich verfolgt werden. Diesen, unsern besten Interessen offenbar zuwiderlaufenden, Maßregeln lagen ihrer Zeit wohlmeinende, aber doch kurzsichtige Absichten zu Grunde.

Die social-politischen Verhältnisse unserer Einwanderer in Brasilien ließen Manches zu wünschen übrig; sie gediehen auch damals schon wirthschaftlich meist ebenso gut, wenn nicht besser, als in den Vereinigten Staaten, aber es fehlte ihnen an einigen wesentlichen der hier gewährten Freiheiten. Alle als brasilianische Bürger naturalisirten Einwanderer und jeder auch im Lande selbst geborene Bürger, welcher einer andern Confession als der römisch-katholischen angehörte, mußten zwar auch, wie jeder andere Bürger, Steuern zahlen und Milizdienste thun, konnten aber nicht an der Gesetzgebung und Vertretung des Landes theilnehmen. Ihnen fehlte bis November vorigen Jahres das passive Wahlrecht. Nicht-Katholiken waren sogar unfähig eine legale Ehe einzugehen; die Familienbande, auf welche sie ihr Hauswesen begründeten, wurden bis 1861 nur als Concubinat angesehen. Zu diesen Verhältnissen kamen noch einige eclatante Fälle von Gewissenlosigkeit brasilianischer Auswanderungs-Agenten hinzu, welche deutsche Auswanderer in unwürdigen Verträgen, sogenannten Parceria- oder Halbpart-Contracten engagirt hatten, um sie an Stelle der aussterbenden oder frei werdenden Sclavenbevölkerung in tropischen Plantagen zu verwenden. Nach diesem Arbeitssystem wird der Ertrag des Landbaues nach Abzug aller Kosten zu gleichen Theilen zwischen Landeigenthümer und Arbeiter getheilt. Dies kann allerdings unter Umständen günstiger für die Arbeiter sein, als diese in Europa gestellt zu sein pflegen, in den meisten Fällen aber stehen sie sich schlechter dabei; und, was wichtiger ist, nach überseeischen Begriffen will der europäische Colonist das Land, welches er bebaut entweder als Eigenthümer oder als Pächter besitzen, oder gegen sicheren und hohen Lohn arbeiten. Vor allem endlich ist der europäische Feldarbeiter völlig außer Stande im tropischen Klima zu arbeiten; der Plantagenbau in den Tropen ist ein Mord für die Körperconstitution unserer Raße.

Obwohl nun diese Gründe für jene Maßregel vorlagen, so war dieselbe dennoch durchaus ungerechtfertigt. Es war eine fast unbegreifliche Verkennung der Verhältnisse, Brasilien, ein Reich, welches größer ist als die Vereinigten Staaten, so groß wie Rußland und halb Sibirien vom Schwarzen Meer bis zum Cap Tscheljuskin, und fast so groß wie ganz Europa, ein Land, welches über den Aequator hinüber bis weit in die gemäßigte Zone hinabreicht und fast alle Culturzustände von den niedrigsten bis zu den höchsten umfaßt, dieses Land als einen einheitlichen Begriff zu behandeln. Während das Klima Nord-Brasiliens demjenigen Afrikas gleicht, ähnelt dasjenige der südlichen Provinzen des Landes, Rio Grande do Sul, Santa Catharina und Paraná den besten Himmelsstrichen Süd-Europas. Um diese letzteren Gegenden aber, um Süd-Brasilien, handelt es sich gerade hauptsächlich für die Interessen unserer Nation.

Es muß ferner allerdings als unbedingt nothwendig anerkannt werden, daß der gewinnsüchtige Eigennutz aller Auswanderungs-Agenten, der südamerikanischen so gut wie der nordamerikanischen, scharf controllirt und schwer bestraft werde, so bald er aufhört, zugleich den Interessen der Auswanderer selbst zu dienen, oder gar anfängt diesen zu schaden. Aber es war und ist ungerecht, die von gewissenlosen Agenten begangenen Verbrechen an unsern unschuldigen Landsleuten in Süd-Brasilien zu rächen. Anstatt sich mit den Leiden und Beschwerden gerade dieser Menschenclasse, um die es sich handelte, eingehend zu beschäftigen und sich derselben dauernd anzunehmen, überließ man diese wackersten Pioniere deutscher Culturarbeit, die besten Vorkämpfer unserer Nationalität, hülflos ihrem Schicksal, und gab auch alle weiteren Kräfte unserer Nation, welche dennoch seitdem in gleichem Sinne hinauszogen, internationaler Vogelfreiheit preis. Man glaubte dadurch die Auswanderung nach Brasilien unterdrücken zu können, und hoffte auch wohl in der zaghaften Weise damaliger Deutschenbundespolitik dadurch einen Druck auf die brasilianische Regierung ausüben zu können. Man maß die große, weite Welt mit europäischem Maße, dem sie längst entwachsen ist. Brasilien kümmerte sich sehr wenig um diese unsere Maßregeln; und unsere Auswanderung dorthin ging über Antwerpen, Liverpool und Hâvre, wo sie den Händen uns fremder oder gar feindlicher Nationen preisgegeben war.

Schädlicher endlich als diese geographischen und politischen Blößen, welche wir uns durch den erwähnten Circularerlaß vom November 1859 gegeben haben und noch heute geben, ist der national-politische Fehler des commerciellen und culturellen Verlustes, den unser Volk durch diese rein negative Maßregel hat. Dieser Gesichtspunkt wurde auch vor drei Jahren schon in schärffster Weise von der, ihrer wissenschaftlichen Bedeutung und ihrem autoritativen Einflusse nach weitreichendsten, geographischen Zeitschrift Deutschlands, von „Petermanns Mittheilungen" *) hervorgehoben: „Jene wunderbaren Erlasse der preußischen Regierung hörten nicht auf die Stimme der besten Kenner des Landes und verkannten in unbegreiflicher Weise die Thatsache, daß unter allen transoceanischen Ländern einzig und allein in Brasilien das Deutschthum in lebenskräftiger Weise sich erhält und gedeiht."

Lange Zeit blieben diese Deutschen in Süd-Brasilien die Stiefkinder der Civilisation, während es doch vor allem die Aufgabe der preußischen Regierung hätte sein sollen, soweit es ihr möglich war, die geistig bedrängte Lage dieser unserer Landsleute zu heben und ihre social-politischen Verhältnisse zu bessern. Jetzt endlich erst sind einige der wichtigsten politischen und religiösen Beschränkungen, welche ihren culturellen Gedeihen bisher entgegen standen, aufgehoben worden. Durch einen Beschluß des Senats in Rio de Janeiro vom 20. November 1880 sind die Schranken gefallen, welche den Naturalisirten von dem im Lande geborenen Bürger und den Protestanten von dem Katholiken trennten. Wer heute in Brasilien Bürger wird, ist dem eingeborenen Brasilianer politisch völlig gleich gestellt, und die Parität der Confessionen ist wenigstens angebahnt. Damit ist viel, sehr viel gewonnen; aber freilich ist noch Manches zu thun, Manches zu erringen übrig.

Die bisherige Stellung des deutschen Elementes in Brasilien **) bietet einige auffallenden Aehnlichkeiten mit den Verhältnissen der in

---

*) Vergl. das Aprilheft von „Petermanns Mittheilungen" (Gotha 1878, pag. 155). Es ist betrübend, trotz alle Dem noch jetzt wieder mehrfach jene einseitigen und unrichtigen Anschauungen mit dem Scheine der Wissenschaftlichkeit von gewissen engherzigen Leuten vorgetragen zu sehen.

**) Eine eingehende Schilderung der Zustände Brasiliens zu geben, ist hier nicht angebracht. Wer nicht genügend über dieselben unterrichtet ist, findet in unserer neusten Literatur je nach Bedürfniß längere oder kürzere, wissenschaftlichere oder populärere Darstellungen dieser Verhältnisse. Ich verweise hier nur beispielsweise auf des jüngst verstorbenen Professor Dr. J. E. Wappäus berühmtes „Handbuch der Geographie und Statistik des Kaiserreiches Brasilien" (Leipzig 1871), auf O. Canstatt „Brasilien, Land und Leute" (Berlin 1877); dann auf die ver-

Nord-Amerika angesiedelten Deutschen im vorigen Jahrhundert, wie uns Herr Dr. Kapp dieselben in seinem mehrfach citirten Werke*) sehr lebendig und anschaulich darstellt. In den Vereinigten Staaten ist seitdem das deutsche Element so vollständig und einseitig in den Dienst des englischen Stammes getreten, daß dies in der Geschichte der Menschheit wohl das großartigste Beispiel eines rapiden Entnationalisirungs-Processes durch culturelle Aufsaugung bleiben wird. Die deutsche Auswanderung nach Nord-Amerika ist ein dauernder Aderlaß des deutschen Volkes, an welchem unsere Nationalität unfehlbar verbluten wird, wenn sich nicht der Arzt findet, der diesen Strom unseres Herzblutes stillt oder mäßigt, — ein Mann, der nicht nur unsere Culturkräfte im Innern regenerirt und den Pulsschlag unseres nationalen Lebens wieder kräftigt, sondern unser alterndes Volk auch in seiner äußeren Leistungsfähigkeit verjüngt, so daß es wiederum, wie einst in seiner ersten Jugendblüte, wachse und selbstständig lebensfähige Nachkommen, jüngere Culturstaaten deutschen Geistes und deutschen Wesens zeuge.

Anders wirkt unser Auswandrerstrom nach Süd-Brasilien auf unsere Nationalität. Schafft er uns auch gegenwärtig, wo er nach Kräften beeinträchtigt und unterdrückt wird, vielleicht noch keine sehr merklichen Vortheile, so verursacht er uns jedenfalls keinerlei Verlust, kann uns aber bei richtiger und energischer Fortentwicklung sehr bedeutenden Gewinn bringen. Allerdings kann hier ebenso wenig wie gegenüber den Vereinigten Staaten ein politischer Zusammenhang unserer ausgewanderten Landsleute mit unserm Vaterlande angestrebt werden; der hier vorhandene geistige und commercielle Zusammenhang aber muß erhalten bleiben und gestärkt werden. Ebenso selbstständig und unabhängig wie die Vereinigten Staaten gegenüber dem brittischen Reiche dastehen, so wird natürlich auch Brasilien nach wie vor dem deutschen Reiche gegenüberstehen; wie aber für die Nord-Amerikaner noch heute Alt-England als das Stammland gelten muß, mit dem sie, trotz mancher krassen Gegnerschaft im Einzelnen und großer Unterschiede

schiedenen Vorträge, welche einige unserer von Brasilien zurückgekehrten Landsleute während der letzten Jahre in verschiedenen Städten Deutschlands gehalten haben, so namentlich die Vorträge und Aufsätze des Herrn A. W. Sellin, und endlich ganz besonders auf die Publicationen des „Central-Vereins für Handelsgeographie", die „Geographischen Nachrichten" (in Berlin) Heft 2 und 3, 1879 bis zum Juni-Heft 1880 und die verschiedenen Leitartikel des „Export" 1879, 1880 und in den Nummern 5, 7 und 8, vom Februar 1881.

*) Dr. Friedrich Kapp „Geschichte der deutschen Einwanderung in Amerika" (Leipzig 1868).

des Wesens, dennoch durch Gemeinsamkeit des Stammes, der Sprache, der Sitte, der Rechtsgewohnheiten und der Lebensanschauungen verbunden bleiben, so ist auch Deutschland das wirkliche Stammland der zahlreichen deutschen Colonien in Süd-Brasilien, und muß es bleiben. Das Streben unserer jüngeren Generation, sich den geistigen und commerciellen Zusammenhang mit diesen Colonien dauernd zu erhalten und seinen Verkehr mit denselben immer lebhafter zu gestalten, ist von ebenso großem Vortheil für Brasilien selbst, wie es einem unabweisbaren Bedürfnisse der deutschen Nation entspricht.

Alle principiellen Einwendungen auch der ängstlichsten und zaghaftesten Theoretiker müssen solchem Streben gegenüber verstummen; so vor allem ihre Frage: Was wird England dazu sagen? — „Die Engländer werden jedenfalls lieber mit den in Brasilien ansässigen Deutschen Handel treiben, als mit denjenigen Deutschen, welche hinter den Zollwällen der Vereinigten Staaten verschanzt, und dadurch für die englischen Producte weniger consumtionsfähig sind." *)

Ebenso hinfällig ist der Einwand des Herrn Dr. Kapp, daß die deutsche Auswanderung sich deshalb lieber nach den Vereinigten Staaten als nach Brasilien richten solle, weil gegenwärtig die Passage nach Nord-Amerika bedeutend billiger sei als nach Süd-Amerika. — Wenn dieser Kosten-Unterschied wirklich so erheblich wäre, wie Herr Dr. Kapp angiebt, und sich irgendwie dem Gedeihen unserer Nationalität und der Wohlfahrt unserer national-gesinnten Auswanderer entgegensetzte, so würde daraus, staatswirthschaftlicher Logik gemäß, doch nur die Verpflichtung für unsere Nation und ihre Regierung folgen, solchen Unterschied im allgemeinen Interesse auszugleichen. Thatsächlich aber sind die Chancen unseres Verkehrs mit Brasilien garnicht so ungünstig. Die Fracht und Passage dorthin wird sich mit dem Aufschwunge unserer südwärtigen Verbindungen, mit der gesteigerten Coucurrenz vermehrter Dampferlinien, ja schon mit der Aufhebung des preußischen Auswanderungsverbotes dorthin, verhältnißmäßig ebenso, wenn nicht noch viel mehr, mäßigen, als dies auch mit dem Verkehr nach Nord-Amerika der Fall war. Die bleibende Differenz aber der größeren localen Entfernung der südamerikanischen Küste von Deutschland wird reichlich aufgewogen werden durch den Umstand, daß die in Brasilien landenden Bauern und Handwerker meist schon in der Nähe ihres Landungsplatzes rentable Arbeit und billiges Land unter ihren eigenen, deutsch redenden und deutsch lebenden Landsleuten finden können,

*) Vergl. Dr. R. Jannasch „Bericht über d. Verh. des handelsgeogr. Congr." pag. 3.

während die nach den Vereinigten Staaten übersiedelnden Auswanderer in der Regel außer ihrer See-Ueberfahrt auch noch die weite Eisenbahnpassage nach dem Innern oder gar nach dem fernen Westen zu bezahlen haben, um gleich gute Chancen des Fortkommens wie in Süd-Brasilien zu finden.

Wäre und bliebe jedoch der Mehrkostenbetrag der Uebersiedlung nach Süd-Amerika auch noch so bedeutend, so wäre dies doch schließlich und in erster Linie nur Sache der Einzelnen, deren freie Entschließung deshalb zu beeinträchtigen, eine ganz unerhörte Bevormundung, eine Einmischung des Staates in „Privatangelegenheiten" wäre, die ihn absolut nichts angehen. Handelte es sich aber um eine Unterstützung unserer Auswanderung durch das Reich — eine Forderung, die bisher in concreter Form noch niemals gestellt worden ist —, was könnten dann überhaupt dergleichen kleinliche Berechnungen gegenüber den großen Interessen unserer Nationalität austragen?! Was würde ein national-gesinnter Staatsmann wohl dem Gewicht der Thatsache gegenüberstellen mögen, daß die nach Wirthschaftsgebieten des englischen Stammes ausgewanderten Deutschen unserer Nationalität verloren gegangen sind und unsere Volkswirthschaft in den meisten Fällen mehr beeinträchtigen als fördern, während unsere in Brasilien angesiedelten Landsleute ihr Deutschthum nun schon seit drei Generationen treu bewahrt haben?! Alle Colonisationsversuche dieser letzteren haben sich ebenso gut bewährt, wie die in Nord-Amerika und Australien; der Absatz unserer heimischen Production hat sich auch unter den ungünstigsten Verhältnissen an der Hand dieser nationalen Verbindung merklich gesteigert, in 20 Jahren um das 2½-fache per Kopf der wachsenden Bevölkerung des Landes gerechnet. Und doch sind gerade diese deutschen Colonien bisher von unserer Regierung ostentativ zurückgesetzt!

Ein ganz entgegengesetztes Vorgehn ist von unserer Reichsregierung zu fordern. Es sind besonders zwei Gesichtspunkte, auf welche sich unser Augenmerk zunächst richten muß:

1. Eine deutsch-brasilianische Consular-Convention muß angestrebt werden, ein Vertrag, welcher die commerciellen und socialen Beziehungen zwischen Deutschland und Brasilien in befriedigender Weise regelt, und der für letzteres Land den Zuzug deutschen Capitals, deutscher Intelligenz und deutscher Arbeitskraft mehren wird, uns aber dort volle social-politische Freiheit sichern muß. Die brasilianische Regierung hat sich neuerdings schon zum Abschlusse eines solchen Vertrages bereit erklärt, und es wird im Interesse beider contrahiren-

den Parteien sein, dieser Convention eine möglichst umfassende Ausdehnung zu geben. Es ist zu vermuthen, daß jener noch jungen Nation europäischer Raße an engeren Beziehungen zum deutschen Reiche wohl gelegen sein sollte, und zwar um so mehr, wenn diese Beziehungen wesentlich auf die Hebung der Productivität ihres Landes und auf die Anbahnung eines lebhafteren Handelsverkehrs desselben mit Central-Europa gerichtet sind. Politische und sociale Gleichberechtigung aber muß die erste Grundlage solches Vertrages sein. Dieselben Rechte, welche ein Deutscher in Nord-Amerika, und ein Brasilianer so gut wie ein Nord-Amerikaner in Deutschland genießt, müssen auch dem Deutschen in Brasilien eingeräumt sein*). Eine genügende Anzahl deutscher Berufsconsulate unter einem oder mehreren General-Consuln ist eines der dringendsten Erfordernisse für die deutschen Colonien in Süd-Brasilien. Solche Berufsconsulate allein sind im Stande die deutschen Interessen dort ausreichend zu vertreten. Durch ihre Consuln wird unsere Regierung die Ausführung beider Seiten der abzuschließenden Convention zu garantiren und zu controlliren haben. Eine Hauptaufgabe dieser Consuln aber — eine Aufgabe, deren Anfang sogar schon der definitiven Begründung mancher solcher Consulate vorherzugehen hat — wird auch die sorgfältige und unparteiische Untersuchung der Verhältnisse des Landes und des Gedeihens unserer Landsleute in den verschiedenen Theilen desselben sein müssen. Die Resultate dieser Untersuchungen müssen veröffentlicht und in übersichtlicher Zusammenstellung möglichst Jedermann zugänglich gemacht werden. Volle Einsicht in den Unterschied der deutschen Auswanderung nach Nord- und nach Süd-Amerika muß allen Betheiligten erleichtert werden, Keinem die Mängel und Schwächen der einen oder der anderen Verhältnisse verschwiegen, aber auch Allen die Chancen der einander gegenüber stehenden Eventualitäten klar gemacht werden. Es sollte namentlich in unserm Volke das Verständniß dafür geweckt werden, daß thatsächlich unsere Auswanderer in dem angelsächsischen Nord-Amerika anglisirt werden, im romanischen Süd-Amerika aber deutscherhalten bleiben.

*) Wegen anderer Specialforderungen, welche an den abzuschließenden Vertrag zu stellen sind, verweise ich auf den eingehenden Leitartikel in Nr. 5 des „Export" Berlin, den 1. Februar 1881. — Auch ist hier von den am 26. October im handelsgeogr. Congresse zu Berlin angenommenen Resolutionen besonders die 5. These hervorzuheben: „Es bedarf in den überseeischen Ländern ortskundiger humaner Hülfeleistung für unsere neu einziehenden Landsleute."

2. **Gleichstellung der Auswanderung nach Süd-Brasilien mit der nach Nord-Amerika** und andern Ländern. Gleiches Recht und gleiche Gunst für Alle. Gleiche Freiheit der Selbstbestimmung, gleichen Schutz und gleiche Sorgfalt der Regierungs-Organe für jeden Auswanderer. Niemand soll gezwungen, aber auch Niemand beeinträchtigt werden. Wir verlangen nur eine sachkundig-organisirte und unparteiisch geübte Pflege der deutschen Auswanderung nach allen Theilen der Welt, auch nach **Süd-Amerika**.

Solche Forderungen mögen vielleicht nach meinen obigen Erörterungen Manchem wie eine Maus erscheinen, die der kreisende Berg gebiert. Jene Erörterungen aber waren, ebenso wenig wie das Referat des Herrn Dr. Kapp, auf irgend einen bestimmten Fall berechnet. Es handelte sich vielmehr darum, in allgemeinen Umrissen die Anschauungen und das Streben der **kommenden Generation** unseres Volkes zu zeichnen.

Ob einem positiven Plane **directen** Vorgehns in der als nothwendig erkannten Richtung zuzustimmen oder zu widersprechen ist, das wird stets nur im einzelnen Falle zu entscheiden sein, und zwar nach Maßgabe des praktischen Sinnes und der Aussicht auf Erfolg, mit welchen die Durchführung solches Planes unternommen wird. Wenn aber einst ein **größerer** Plan dieser Art zur Vorlage und zur Erörterung im Reichstage gelangen wird, dann ist es nicht mehr Zeit, sich über die ersten Grundprincipien und die letzten Consequenzen desselben klar zu werden. Wer sich diese Klarheit bis dahin nicht schon verschafft haben sollte, der wird alsdann **zu spät** bemerken, daß er die Pflichten eines **deutschen** Staatsmannes nicht erkannt hat und daß er **weit** zurückgeblieben ist hinter dem im **Fluge dahineilenden Reichsadler unserer Nationalität**

„Vom Fels zum Meer!"

Am zehnten Jahrestage der deutschen Nation,
Hamburg, den 18. Januar 1881.

Nachträge:

Zu Seite 24.

Algerien und Neu-Caledonien habe ich unter die „Colonien" gestellt, obwohl sie nicht ausschließlich homophyl sind; doch ist diese Erscheinungsform sehr entschieden überwiegend in der Art der Stellung, welche diese überseeischen Besitzungen bisher zu Frankreich eingenommen haben. Soweit aber diese Länder allerdings allophyle Elemente enthalten, tragen sie beide die Keime von Cultivationen in sich.

Zu Seite 31.

Es sollte in der ersten Zeile von oben nicht heißen „im Jahre 1877" sondern „in den Jahren 1875—77".

Zu Seite 76.

Soeben nach Beendigung des Druckes dieser Schrift geht mir das I Heft von Professor Schmoller's Neuer Folge des „Jahrbuchs für Gesetzgebung, Verwaltung und Volkswirthschaft im Deutschen Reich", V Jahrgang (Leipzig, Duncker und Humblot 1881) zu. In demselben findet sich (pg. 225—245) eine übersichtliche Besprechung der Bestrebungen (Für und Wider) „Auswanderung und Colonisation."

Der Verfasser dieses Artikels beschäftigt sich u. a. mit der Broschüre des Herrn F. C. Philippson und führt dort (pg. 239) gegen dessen Befürchtung, daß unsere Colonien doch nur England zu Gute kommen würden, sehr treffend an, daß derselbe in seiner Schrift (pg. 78) sogar selbst zugiebt, daß unsere culturell selbstständigen deutschen Handelshäuser in der Südsee schon jetzt unter den ungünstigsten äußeren Verhältnissen dennoch den natürlichen Mittelpunkt ihrer Geschäfte in Deutschland haben.

Vor allem weist der kritische Referent des Schmoller'schen Jahrbuchs (pg. 238) auch die Argumentation des Herrn F. C. Philippson zurück, daß wir durch unsere ungünstige Lage (Mangel einer großen Seeküste), durch die Unproductivität unseres Landes (mangelnden Productenreichthum) und schließlich gar durch den Mangel einer starken, thatkräftigen Bevölkerung verhindert seien, je ein für die große Welt tonangebendes Culturvolk zu werden. Hinsichtlich der Thatkraft unserer Bevölkerung freilich drückt Herr F. C. Philippson sich nur in sofern unverhohlen aus, als er deutlich zu verstehen giebt, daß er selbst jedenfalls diese Thatkraft in sich nicht empfindet, und auch nicht weitsichtig genug ist, dieselbe irgendwo sonst um sich her zu bemerken. Diese schwachwillige Kurzsichtigkeit ist allerdings den Herren der älteren geistigen Generation eigen; aber es nimmt mich doch Wunder, daß es Herrn F. C. Philippson bei diesen Argumentationen nicht etwas gênant gewesen ist, unser deutsches Volk nicht eigentlich als ein Culturvolk gelten zu lassen, für dessen Entwicklung und Bedeutung, Wohlstand und Größe allein seine Culturkräfte maßgebend sind, sondern uns vielmehr ganz wie ein Naturvolk zu behandeln, welches, ungefähr so wie die Botokuden oder Hottentotten, rettungslos der Ungunst seiner Naturverhältnisse erliegen, und sich deshalb je eher je besser ergeben müsse in das ihm von diesen Naturverhältnissen dictirte Schicksal des Versumpfens in einem elenden Krämerdasein.

Der Referent scheint sich (pg. 241) zu wundern, daß ich Herrn F. C. Philippson in meiner „Ueberseeischen Politik" nicht erwähnt habe; wenige Zeilen vorher aber charakterisirt er selbst ihn folgendermaßen: „Herr Philippson ist der nüchterne Berliner Geschäftsmann, welcher ohne Sinn und Blick in die Geschichte der Völker das pro und contra der heutigen deutschen Colonisation mit einigen schlechten Witzen über Elbcaviar und Grüneberger würzen will. Aber so nüchtern er zu rechnen glaubt, sein Facit ist doch nicht sowohl das Ergebniß seiner Rechnung als vielmehr das seiner Anti- und Sympathien; für manche Fragen und Puncte, die hier mit in Betracht kommen, fehlen ihm eingehendere Kenntnisse, es fehlt ihm vor allem jede Spur des historischen Sinnes, ohne den solche Fragen großen Stils nicht aufzufassen sind." — Ist dies nun freilich auch nicht ganz mein eigenes Urtheil über Herrn F. C. Philippson, so glaube ich doch den Leistungen desselben, in dieser Arbeit wenigstens, genug gethan zu haben. Einen mir neuen Gedanken oder Gesichtspunkt habe ich bei ihm nicht bemerkt. Wenn mir daher eine besondere Anerkennung desselben früher unnöthig schien, so meine ich doch auch andererseits nicht, daß dies einen so besonderen Tadel verdiene. Zeichnen sich doch die sämmtlichen Epigonen der jetzt verfließenden „privatmenschlichen" Epoche unsrer Volkswirthschaft nicht gerade durch schaffend-gestaltende Fruchtbarkeit aus. Ich betrachte es nur als ein beklagenswerthes Unglück für einen Menschen, wenn er heutzutage noch für ein anarchisches Laissez faire, nicht aber für eine sich entwickelnde Organisation der Völker Sinn hat. Die alles richtende Zeit beginnt ja eben jetzt ihr entscheidendes Wort in dieser Sache zu sprechen und wird ihre Entscheidung auch sicherlich austragen. Dieses und das nächste Jahrzehnt werden jedenfalls durch Thatsachen beweisen, ob Herr F. C. Philippson „und seine Leute" Recht haben, und Recht behalten werden — oder der Fürst von Bismarck „und seine Leute."

Hamburg, den 6. März 1881.

Hübbe-Schleiden Dr. J. U.

Anhang.

1. Welthandels-Umsätze 1855.

Englischer Stamm:	Angaben in Reichsmark.		
	Ausfuhr	Einfuhr	Total-Umsatz
Handel Großbritanniens übersee...	1,281·785,000	1,784·940,000	3,066·725,000
„ der brittischen Besitzungen.	1,392·580,000	1,345·585,000	2,738·165,000
„ der Vereinigten Staaten..	1,155·659,000	1,098·168,000	2,253·827,000
„ des engl. St. in Egypten.	46·200,000	23·100,000	69·300,000
Summen	3,876·224,000	4,251·793,000	8,128·017,000
Andere Nationen europäischer Raße:			
Ueberseeischer Handel Frankreichs...	516·813,000	674·148,000	1,190·961,000
„ „ Deutschlands..	133·263,000	168·698,000	301·961,000
„ „ Belgiens.....	50·094,000	90·786,000	140·880,000
„ „ Niederlands ..	54·664,000	183·460,000	238·124,000
„ „ Dänemarks...	4·452,000	19·394,000	23·846,000
„ „ Scandinaviens	6·744,000	19·193,000	25·937,000
„ „ Rußlands	12·329,000	26·898,000	39·227,000
„ „ Oesterreichs...	9·462,000	45·475,000	54·937,000
„ „ Griechenlands.	448,000	2·648,000	3·096,000
„ „ Italiens	56·850,000	73·150,000	130·000,000
„ „ Spaniens	84·049,000	107·301,000	191·350,000
„ „ Portugals....	41·143,000	68·746,000	109.889,000
Handel der französischen Besitzungen	141·920,000	236·960,000	378·880,000
„ „ niederländ. „	139·809,000	98·113,000	237·922,000
„ „ dänischen „	92·437,000	23·374,000	115·811,000
„ „ spanischen „	211·804,000	201·216,000	413·020,000
„ „ portugiesischen „	3·462,000	1·524,000	4·986,000
„ des asiatischen Rußlands...	33·630,000	52·827,000	86·457,000
„ Argentinas u. Buenos Ayres	105·044,000	85·576,000	190·620,000
„ Boliviens..........	13·460,000	16·210,000	29·670,000
„ Brasiliens	226·427,000	211·900,000	438·327,000
„ Central-Amerikas	21·079,000	20·782,000	41·861,000
„ Chiles	82·177,000	111·753,000	193·930,000
„ Neu-Granadas	34·096,000	23·650,000	57·746,000
„ Ecuadors..............	10·711,000	10·694,000	21·405,000
„ Haïtis	24·000,000	16·000,000	40·400,000
„ Mexicos..............	83·068,000	84·827,000	167·895,000
„ Paraguays	3·337,000	3·698,000	7·035,000
„ Perus	67·521,000	36·352,000	103·873,000
„ San Domingos	8·000,000	6·400,000	14·400,000
„ Uruguays	36·000,000	20·000,000	56·000,000
„ Venezuelas	21·981,000	19·977,000	41.958,000
Welthandel in Egypten	34·586,000	30·756,000	65·342,000
Summen	2,364·860,000	2,792·486,000	5,156.346,000
Total-Summen	6,241 084,000	7,044·279,000	13,285·363,000
Antheil des engl. Stammes am gesammten Welthandelsumsatze	62 %	60 %	61 %

In der folgenden Tabelle sind die Vereinigten Staaten und alle Länder, welche im Besitze europäischer Nationen sind, im Durchschnitte der Jahre 1868—77, Mittel- und Süd-Amerika dagegen, sowie der Welthandelsverkehr in den mongolischen Ländern im Durchschnitt der Jahre 1875—77 angegeben. Letzteres aus statistisch-formellen Gründen.

2. Welthandels-Umsätze 1875.

Englischer Stamm:	Angaben in Reichsmark. Ausfuhr	Einfuhr	Total-Umsatz
Handel Großbritanniens übersee	2,945'830,000	5,026'756,000	7,972'586,000
„ der brittischen Besitzungen	3,418'329,000	3,377'205,000	6,795'534,000
„ Vereinigten Staaten ...	2,374'793,000	2,278'830,000	4,653'623,000
„ des engl. St. in China..	334'778,000	406'004,000	740'782,000
„ „ „ „ „ Japan	70'933,000	77'351,000	148'284,000
„ „ „ „ „ Egypten	189'113,000	59'488,000	248'601,000
Summen	9,333'776,000	11,225'634,000	20,559'410.000
Andere Nationen europäischer Raße:			
Ueberseeischer Handel Frankreichs	783'027,000	970'336,000	
„ „ Deutschlands.	244'528,000	501'305,000	
„ „ Belgiens ...	47'690,000	239'381,000	
„ „ Niederlands.	123'958,000	325'077,000	
„ „ Dänemarks..	7'055,000	31'752,000	
„ „ Skandinav...	12'257,000	21'246.000	
„ „ Rußlands ...	32'590.000	69'402,000	4,015'648,000
„ „ Oesterreichs..	9'619,000	49'239,000	
„ „ Griechenlands	3'321,000	4'944.000	
„ „ Italiens	113'704,000	146'294,000	
„ „ Spaniens ...	113'726,000	116'250,000	
„ „ Portugals...	23.800,000	25'147,000	
Handel d. französischen Besitzungen	218'267,000	263'084,000	481'351,000
„ „ niederländ. „	296'221,000	196'347,000	492'568,000
„ „ dänischen „	38'633,000	35'121,000	73'754,000
„ „ spanischen „	450'000,000	230'000,000	680'000,000
„ „ portugiesischen „	51'913,000	64'032,000	115.945,000
„ des asiatischen Rußlands..	30'869,000	73'617,000	104'486,000
„ Argentinas	191'594,000	177'411,000	369'005,000
„ Boliviens	22'600,000	20'000,000	42'600,000
„ Brasiliens	441'108,000	382'162 000	823'270,000
„ Central-Amerikas	61'225,000	39'178,000	100'403,000
„ Chiles	137'885,000	136'945,000	274'830,000
„ Columbiens...........	48'456,000	29'382,000	77'838,000
„ Ecuadors.......	14'672,000	12'600,000	27'272,000
„ Haïtis	33'453,000	33'947,000	67'400,000
„ Mexicos..............	139'276,000	115'408,000	254'684,000
„ Paraguays.......... ..	1'572,000	2'631,000	4'203,000
„ Perus................	195'480,000	96'716,000	292'196,000
„ San Domingos	6'497,000	7'331,000	13'828,000
„ Uruguays............	58'764,000	56'481,000	115'245,000
„ Venezuelas	54'826,000	59'686,000	114'512,000
Welthandel in China	99'640,000	30'898,000	130'538,000
„ „ Japan.........	22'168,000	21'287,000	43'455,000
„ „ Egypten	76'086.000	33'967,000	110'053,000
Summen	4,206'470,000	4,618'614,000	8'825,084,000
Total-Summen .. .	**13,540**·246,000	**15,844**·248,000	**29,384**·494,000
Antheil des engl. Stammes am gesammt. Welthandelsumsatze	**69 %**	**71 %**	**70 %**

3. Volkszunahme der europäischen Raße.

Völker	1850	1875	%	1980
Großbritannien u. Irland	27·523,694	32·749,167	19	67·640,000
Canada	(1861) 3·355,000	(1877) 4·130,000	23	15·300,000
Australien	(1861) 1·266,000	(1877) 2·516,000	98	189·500,000
Capland.	(1861) 230,000	(1877) 340,000	48	4.150,000
andere Besitzungen	250,000	275,000	10	410,000
Vereinigte Staaten	23·191,876	(1880) 50·553,829	118	650·000,000
englischer Stamm	**55·816,570**	**90·563,996**		**927·000 000**
Deutschland.	35·395,496	42·727,360	20.7	93·500,000
Oesterreich	(1851) 17·534 950	(1876) 21·742,884	24	52·600,000
deutscher Stamm	**52·930,446**	**64·470,244**		**146·000,000**
Holland	3·075,000	3·865,456		
Belgien	4·425,000	5·336,185		
niederländ. Stamm ...	**7·500,000**	**9·201,641**	21½	**20·500,000**
Dänemark	1·400,000	1·907,000	36	6·850·000
Norwegen	1·390,000	1·807,000	30	5·400,000
Schweden	3·482,500	4·420,000	27	12·050,000
skandinav. Stamm ...	**6·272,500**	**8·134,000**		**24·300,000**
Europäisches Rußland .	60·122,670	80·350,000		
Sibirien	2·887,180	3·440,362		
russischer Stamm ...	**63·009,850**	**83·790,362**	33	**275·000,000**
Frankreich	34·805,000	36·905,000	6	47·100,000
Italien	23·472,000	27·482,174	17	52·600,000
Spanien	14·500,000	16·550,000	14	28·510·000
Portugal	3·415,000	4·441,037	30	13·190,000
Mittel- u. Süd-Amerika	36·950,000	42·210,000	13	70·800,000
romanischer Stamm ..	**113·142,000**	**127·588,211**		**212·200,000**
Europäische Raße ..	298·671,366	383·748,454		**1605·000,000**

Anmerkung zur Tabelle 3: In den Angaben für Rußland und für die amerikanischen Länder sind einige Stämme einbegriffen, welche nicht zur europäischen Rasse gehören; es scheint mir jedoch zum Theil nicht richtig und ist zum andern Theil noch nicht möglich, diese Volkszahlen statistisch auszuscheiden.

Hinsichtlich der Zuwachsrate der europäischen Volksstämme ist es wahrscheinlicher, daß sich dieselbe im Laufe des kommenden Jahrhunderts steigern, als daß sie sich vermindern wird, und zwar aus folgenden Gründen:

1) Seit der Mitte dieses Jahrhunderts, also seitdem unsere Rasse recht eigentlich in die Periode ihres ruhigen und stetigen Culturaufschwungs eingetreten ist, hat die Zuwachsrate thatsächlich mehr und mehr zugenommen. Die Procentsätze der mittleren jährlichen Zunahme der Bevölkerung waren

	von 1850–1870	seit 1870.
in Niederland	0.8	1.16
„ Großbritannien	0.74	1.12
„ Deutschland	0.6	1.00
„ Belgien	0.55	0.96
„ Oesterreich	0.75	0.92
„ Frankreich	0.153	0.55
„ Vereinigten Staaten	2.576	3.296

Die gegentheiligen Behauptungen anderer Schriftsteller (so F. C. Philippson „Ueber Colonisation" pag. 14) gründen sich ausschließlich auf den Vergleich des jetzigen deutschen Volkszuwachses mit unsern Angaben über die Verhältnisse desselben im Anfange dieses Jahrhunderts. Die jetzige Periode des ruhigen Cultur-Fortschritts leidet aber überhaupt keinen stringenten Vergleich mit jenen durch Machteingriffe und Unregelmäßigkeiten aller Art gekennzeichneten Jahrzehnte. Kaum hatte Deutschland

4. Ausfuhr nach den Vereinigten Staaten und Brasilien

In den Jahren	vom Ver. Königreich	von Deutschland	von Frankreich	von den Hansestädten
	in £ Sterling	in Dollars	in Francs	Durchschnitt in M.
1859	24'418,000	17'766,341	438'000,000	11'484,000
1860–64	92'989,000	76'164,113	807'400,000	16'884,000
1865–69	131'725,000	110'026,722	1,011'100,000	17'133,000
1870–74	184'843,000	203'664,312	1,952'600,000	24'813,000
1875–79	108'226,000	142'822,243	1,633'100,000	28'400,000

5. Auswanderung nach den Vereinigten Staaten

In den Jahren	vom Ver. Königreich	von Deutschland	von Frankreich
1820–30	81,827	7 583	8,868
1831–40	283,191	148,204	45 575
1841–50	1·047,763	422 477	77,262
1851–60	1·338,093	907,780	76 358
1861–70	1·106,976	784,719	37,749
1871	143,937	107,201	5,780
1872	157,905	155,595	13,782
1873	159,355	133,141	10,813
1874	100,422	56,927	8,741
1875	66,179	36,565	8 607
1876	42,243	31,323	6,723
1877	35,556	27,419	5,127
1878	38,082	29,313	4,159
1879	49,967	34 602	4,655
1820–79	4'651 496	2'882,849	314,199

aufgehört der Schauplatz der Napoleonischen Kriege zu sein, so begann unsere Auswanderung nach Amerika zu vorher nie dagewesenen Dimensionen anzuschwellen. Kriege und Massenauswanderung aber sind die stärksten indirecten Ursachen einer Steigerung des Volkszuwachses. Außerdem hat auch schon Herr Prof. Ad. Wagner (auf dem handelsgeopraphischen Congresse, siehe den „Bericht" pag. 17) darauf aufmerksam gemacht, „daß seit den ersten Jahrzehnten nach 1815 unsere Volkszählungen vollständiger geworden sind." Je zuverlässiger dieselben wurden, desto weniger überschätzte man die vorhandene Menschenzahl nach Gutdünken.

2) Eine allmähliche Steigerung der Zuwachsrate bei unserer jetzigen culturellen Entwicklung ist an und für sich schon gegeben durch die ganze Richtung der modernen Civilisation auf humanere Behandlung des Menschen und vor allem auf jedmögliche Erhaltung von Menschenleben. — Von gewichtiger Seite ist mir hiergegen eingewendet worden: es sei trotzdem nicht wahrscheinlich, daß das Tempo des Fortschritts der Menschheit, so wie jetzt beibleiben könne; es werde sich vielmehr „das Verlangen geltend machen, das Geschaffene und Erworbene mehr mit Behagen zu genießen und auch die ideellen Seiten des menschlichen Lebens wieder mehr zur Geltung und zur Entfaltung zu bringen." Daß ein solcher Umschwung der Geistesrichtung unserer Raße einen wesentlichen Einfluß auf das „Tempo" der Volksvermehrung üben würde, ist unzweifelhaft; sicherlich aber würde dadurch dieses Tempo nicht gemäßigt, sondern nur erst recht beschleunigt werden. Wenn an die Stelle unseres jetzigen, zum Go-ahead System verschärften, Kampfes ums Dasein der gemächliche Lebensgenuß treten sollte, dann würden die von der angestrengten Arbeit entlasteten Kräfte voraussichtlich dahin drängen, den Procentsatz unserer Volksvermehrung zu verdoppeln oder zu verdreifachen. Für die geistig-verfeinerten Vorschläge des Malthus werden sich die Durchschnittscharaktere der proletarischen Volksmassen niemals begeistern, und an die von anderer Seite in wohlmeinender Absicht emfohlenen, modernen „Mittel ehelicher Civilisation" wird sich das Proletariat in absehbarer Zeit auch schwerlich gewöhnen.

Wachsen kann allerdings die Zuwachsrate einer culturell fortschreitenden Bevölkerung nur, wenn der Procentsatz ihrer Productivität sich in noch höherem Maße steigert — oder ihnen die Möglichkeit einer räumlichen Ausdehnung ihrer Volkswirthschaft gegeben ist. Der europäischen Raße aber ist diese Möglichkeit fast unbeschränkt auf Jahrhunderte hinaus in überseeischen Ländern gegeben, und unter übrigens gleichen Verhältnissen leiden dabei nur diejenigen Stämme, (Deutsche, Niederländer und Scandinavier), welche sich nicht (wie die Britten, Amerikaner, Romanen und Russen) im Besitze derjenigen Länder der weiten Welt befinden, die ihnen solche extensive Entwicklung ermöglichen.

6. Auswanderung aus deutschen Häfen nach Brasilien.

In den Jahren	Befördert über Hamburg: in Auswandererschiffen: nach Häfen von **Santos** nordwärts	Befördert über Hamburg: in Auswandererschiffen: von São **Francisco** südwärts	Befördert über Hamburg: in anderen Schiffen	Gesammtzahl über **Hamburg**	Gesammtzahl über **Bremen**	Gesammtzahl der **Auswanderer**	In den Jahren
bis 1837				ca. 500		500	bis 1837
1838				55		55	1838
1839				154		154	1839
1840				—		—	1840
1841				13		13	1841
1842				—		—	1842
1843				—		—	1843
1844				—		—	1844
1845				—		—	1845
1846				498		498	1846
1847				758		758	1847
1848				—		—	1848
1849				37		37	1849
1850	—	207	33	240		240	1850
1851	1781	130	39	1,950		1,950	1851
1852	1135	814	98	2,047	[bis 1853]	2,047	1852
1853	163	241	142	546	140	686	1853
1854	605	609	181	1,395	227	1,622	1854
1855	1411	384	183	1,978	21	1,999	1855
1856	437	958	134	1,529	201	1,730	1856
1857	473	1261	38	1,772	329	2,101	1857
1858	2041	1331	59	3,431	28	3,459	1858
1859	926	788	43	1,757	278	2,035	1859
1860	241	628	28	897	80	977	1860
1861	179	759	79	1,017	139	1,156	1861
1862	—	613	412	1,025	162	1,187	1862
1863	89	528	230	847	90	937	1863
1864	—	412	35	447	2	449	1864
1865	—	396	18	414	1	415	1865
1866	—	360	57	417	—	417	1866
1867	367	729	59	1,155	3	1,158	1867
1868	337	3015	73	3,425	—	3,425	1868
1869	614	2812	49	3,475	—	3,475	1869
1870	488	674	7	1,169	—	1,169	1870
1871	304	712	152	1,168	1	1,169	1871
1872	758	2466	232	3,456	—	3,456	1872
1873	973	2944	930	4,847	—	4,847	1873
1874				1,261	—	1,261	1874
1875				389	—	389	1875
1876				2,445	—	2,445	1876
1877				2,743	999	3,742	1877
1878				2,302	477	2,779	1878
1879				1,105	196	1,301	1879
Gesammtzahlen d. Auswanderer bis 1879				52,664	3,374	56,038	bis 1879

Als **Quellenmaterial** liegen dieser Tabelle zu Grunde: Dr. A. Soetbeer „Statistik des Hamburgischen Handels" Theil II und III; „Tabellarische Uebersichten des Hamburgischen Handels", Jahrgänge 1851—1879; Berichte des Hamburger „Vereins zum Schutze von Auswanderern" 1850—55; Jahresberichte der »Auswanderer-Deputation", 1855—1879; „Statistik des Hamburgischen Staates" Heft IV, Hamburg 1872, pag. 97 ff „Die Auswanderung über Hamburg nach transatlantischen Plätzen seit dem Jahre 1836"; „Jahrbuch für die Amtliche Statistik des Bremischen Staates", Jahrgänge 1869—74; »Jahrbuch für Bremische Statistik", Jahrgänge 1875—79.

Die Specification der Auswanderung über Hamburg von 1850—1873 nach den verschiedenen Bestimmungshäfen in Brasilien verdanke ich der Güte des Herrn Polizei-Inspector Adolf Mesz, Inspectors der „Verwaltungs.Abtheilung für Fremden- und Paßwesen« in Hamburg.

Die Post, Nrn. 274 und 276, vom 6. und 8. October 1880.

Unter dem Titel „Ueberseeische Politik" ist soeben eine Schrift erschienen, auf welche wir unsere Leser, und speciell alle Diejenigen, welche sich aus den kleinlichen Parteistreitigkeiten, die unser politisches Leben anfüllen, hinaussehnen, um einmal große Verhältnisse in's Auge zu fassen, so schleunig als möglich aufmerksam machen ..

Das ausgezeichnete Werk des Herrn Dr. Hübbe-Schleiden ... enthält Seite für Seite so große nationale Gedanken, daß wir eine Pflicht zu erfüllen glauben, wenn wir mehrfach darauf zurückkommen. ...

Kölnische Zeitung, Nr. 38 vom 7. Februar 1881.

Dr. Hübbe-Schleiden, der Verfasser der sehr lehrreichen Schrift „Ethiopien" bietet uns in seinem neuesten Werke „Ueberseeische Politik" sehr viel des beachtenswerthen Materials. ... Man muß sich ein wenig in das Buch hineinarbeiten, dann empfangen diese Zahlen ein eigenthümliches Leben und entrollen vor unserm Auge die gediegene Frucht eines emsigen, unermüdlichen Schaffens. .... Der bedeutendste Theil des Werkes ist unzweifelhaft derjenige, welcher sich mit den Begriffen Colonisation und Cultivation beschäftigt. .... Wir hoffen, daß Hübbe-Schleidens Buch mit dazu beiträgt, diese große Aufgabe zu lösen; jedenfalls verdient es die ernstlichste Beachtung.

(Augsburger) **Allgemeine Zeitung**, Beilage zu Nro. 53, vom 22. Februar 1881.

.... Dr. Hübbe-Schleiden kann das Verdienst einer .... neuen Begründung dieser Ansichten bei warmer oft geradezu hinreißender Darstellung beanspruchen Wir finden aber den eigentlichen Werth seines Buches noch in ganz anderer Richtung: erstens in dem scharfen Unterschiede, welcher im Hinblick auf Deutschlands Interesse zwischen Colonisation und Cultivation gemacht wird und dann in der Hinweisung auf Afrika, das in der That mehr als jeder andere Erdtheil berufen scheint, uns ein fruchtbares Feld großer überseeischer Politik darzubieten. .... Wir gestehen, so sehr uns die allgemeinen Darlegungen des Buches an einigen Stellen fesselten, hier erst wird unsere Theilnahme warm, die sich auf ein ganz bestimmtes Ziel hingelenkt sieht. ...

Hamburger Handelsblatt, Nro. 2368, vom 22. October 1880.

Indem wir unseren Standpunkt wahren, anerkennen wir indessen gern, daß auch die gegentheilige Meinung ihre Berechtigung hat, zum vollen Ausdruck zu kommen. Für seine Anschauung hat nun der Verfasser außerordentlich werthvolles und gleichzeitig ganz allgemein interessantes Material in Hülle und Fülle beigebracht. Die „Zahlenbilder" sind ungewöhnlich klare und auch dem Auge gefällige statistische Tabellen, in welchen Bedeutung und Werden des Welthandels, das Wachsen oder die Abnahme der Bevölkerung, das Verhältniß von Population und Nationalwohlstand, der Einfluß der Colonisation auf die heimische Bevölkerung und deren Prosperität, kurz eine erstaunliche Menge von Beziehungen dargestellt werden, und welche wie Illustrationen den Text begleiten und erläutern. Mit vollem Rechte meint der Herr Verfasser: „Statistik ist für die Culturwissenschaften, was Mikroskop und Secirmesser für die Naturwissenschaften sind, ein Instrument der inductiven Beweisführung", und er handhabt dieses Instrument mit bedeutender Sicherheit und Gewandtheit. Durch mühevolle Berechnung und einige neue Methoden, über welche uns Mittheilung gemacht wird, ist der Autor in den Stand gesetzt, Auskunft über äußerst complicirte und sich anscheinend statistischer Feststellung entziehende Verhältnisse zu ertheilen. In noch höherem Grade, als im ersten, ist dies im zweiten Theile des vorliegenden Werkes der Fall, welcher tabellarische Studien über die Statistik des Welthandels enthält. Handelsverkehr und Handelsgewinn der einzelnen Völker und Welttheile, Capital und Einkommen der Nationen, alle möglichen Wirkungen des Welthandels auf die Erwerbsverhältnisse des Einzelnen, wie der gesammten Bevölkerung, kommen hier zur eingehendsten statistischen Behandlung. So ist denn das Ganze, ob man mit dem Ausgangspunkte und Ziele des Buches übereinstimmt oder nicht, höchst anziehend und lehrreich. Indem der Verfasser Alles zusammenträgt, was seiner Beweisführung förderlich sein könnte, giebt er damit durchweg Material, welches auch an sich von höchstem Interesse ist. Die Ausstattung des Werkes und ebenso die Anordnung des Inhalts sind musterhaft. Der Verfasser erklärt einmal das mangelnde Interesse an statistischen Arbeiten sehr richtig damit, „daß häufig Darstellung und Beweistabellen ungeschickt, breit und nicht genügend übersichtlich geschrieben oder gedruckt sind;" — nun, seinem Buche wird man mit diesem Einwande gewiß nicht entgegentreten dürfen!

Neue Preußische (Kreuz-) Zeitung, Nrn. 287 u. 288, v. 7. u. 8. December 1880.

Unter dem Titel „Ueberseeische Politik" ist eine überaus anziehende, culturwissenschaftliche Studie von Dr. Hübbe-Schleiden, der sich schon durch sein Buch über West-Afrika vortheilhaft bekannt gemacht hat, erschienen . . . .

. . . . Der Verfasser sagt noch nicht, wie er sich die Ausführung seines Cultivationsplanes für Deutschland im einzelnen denkt; er behält sich diese wohl für eine spätere Arbeit vor.

Berliner Fremdenblatt, Nro. 271, vom 19. November 1880.

Diese wirthschaftspolitische Schrift macht einmal wieder den Eindruck, daß sie nach der guten Vorschrift des »nonum prematur in annum« gearbeitet ist. Den Vorurtheilen gegenüber, wonach Deutschland weder an den wirthschaftlichen Vortheilen, noch an den Culturaufgaben einer überseeischen Politik theilnehmen darf, wird sie von guter Wirkung und der jene Vortheile wie diese Aufgaben in's Auge fassenden Reichspolitik eine förderliche Stütze sein. Mit außerordentlichem, weltgeschichtlichem Ueberblick und statistischer Gewissenhaftigkeit, wie logischem Scharfsinn behandelt das Buch seinen Gegenstand. . . .

Leipziger Zeitung, Nro. 293, vom 10. December 1880.

Mit Recht charakterisirt Dr. Hübbe-Schleiden in seinem vortrefflichen, von uns schon einmal erwähnten Buche . . . . die hinter uns liegende Zeit. . . . . Nicht leicht kann die Nothwendigkeit einleuchtender und zugleich die Möglichkeit plausibler, als es in diesem Buche geschiebt, gemacht werden, überseeische Politik zu treiben, ... Dies Buch ist vorwiegend danach geartet, mächtig auf die Phantasie unseres Volkes zu wirken. In ganz neue Bahnen lockt es dieselbe, die weit ab von dem Gleise liegen, in dem sich bisher die Erörterung der verwandten Fragen der Auswanderung und Colonisation bewegte.

Schwäbischer Merkur Nr. 250, **Schwäbische Kronik** pg. 1882, v. 21. Oct. 1880.

. . . . Der Verfasser beweist hier, wie die überseeische Politik auf den Wohlstand der Völker wirkt, in einer Reihe von Tabellen, die zu dem Beredtesten gehören, was die Statistik überhaupt bietet. . . .

Pester Lloyd Nro. 287, vom 16. October 1880.

.... Der Verfasser widerlegt alle Einwürfe gegen eine deutsche überseeische Politik. .... Dem Werke sind außergewöhnlich interessante statistische Nachweise beigegeben. Es .... ist eine der interessantesten Studien über diesen Stoff und erreicht die zahlreichen ethnographischen Schriften Dr. Hübbe-Schleidens an Werth, dürfte sie aber an Verbreitung übertreffen, weil der Gegenstand alle Staaten Europas in hohem Maße interessirt und in ungewöhnlich geistvoller Weise behandelt ist.

The Saturday Review No. 1,308, pag. 657, Novbr. 20, 1880.

.... Herr Hübbe-Schleiden .... would have his countrymen establish themselves at suitable points of naturally fertile but barbarous countries, and gradually educate the natives to steady industry and improved methods of production, receiving the fruits of their labour, and supplying them with German products. This seems the only feasible method of developing the resources of regions too populous and too unhealthy for European colonization, and it is remarkable that ....

The Statist, London, pag. 445, January 1, 1881.

.... Wether the Union Jack is destined to fade away before the German Flag or not, there can be but one opinion as to the ability of the volume before us. Dr. Hübbe-Schleiden is very skilful in handling statistics. He shows with remarkable clearness, how strong is the tendency of every colony to trade chiefly with the mother-country, and he augurs from this, that it will be well for Germany to set about making unto herself colonies. ..... Dr. Hübbe-Schleiden also enters into a most ingenious and complicated inquiry as to the gain of each nation from its trade with other nations. ...

Journal des Économistes (Maurice Block) Paris, pag. 119, Janvier 1881.

.... ce sont des fantaisies d'un homme d'esprit et de savoir qui font penser, ...

Nord und Süd, pag. 427, December 1880.

.... Auch dieses neue Buch des Verfassers zeichnet sich durch eine Fülle selbstständiger Gedanken und durch Energie der Darstellung aus; es bietet eine durchaus anregende Lectüre selbst Demjenigen, dem das darin vertretene Interessengebiet ferner liegt. Das beigegebene statistische Material ist von großem Werthe. Die Ausstattung des Buches ist vortrefflich.

Im neuen Reich, pag. 865, II, December 1880.

.... Eine genaue Vergleichung der Nationen zeigt aufs Einleuchtendste, daß zwischen der Wohlhabenheit und der Culturarbeit in überseeischen Gebieten ein ziemlich genaues Verhältniß besteht, und diesen Punct evident gemacht zu haben, ist ein Hauptverdienst der wahrhaft bewundernswerthen mühsamen Forschungen Hübbes.

Jahrbuch für Gesetzgebung, Verwaltung und Volkswirthschaft im Deutschen Reich, herausgegeben von Prof. Gustav Schmoller, pag. 241 und 244 f., I Heft, 1881.

Die Arbeit Dr. Hübbe-Schleidens ist eine in statistischer Beziehung gelehrte. Nicht blos ist mit Sorgfalt die ganze neuere Handelsstatistik aller Länder verwerthet;

für die europäischen Staaten suchte der Verfasser sogar möglichst bis auf zwei Jahrhunderte zurückgehende Zahlenreihen über Bevölkerung, Einfuhr, Ausfuhr und Aehnliches herzustellen. . . . Die historischen Zahlenbilder, welche er auf Grund seiner mühevollen Handelsstatistik dann vor uns entrollte, sind ebenso originell wie interessant.

. . . . Soweit der Hauptinhalt des Buches, das begeistert und theilweise glänzend geschrieben, jeden Leser fesseln wird. Es tritt uns ein großer weiter Blick, eine umfassende Bildung und vor allem ein energischer Wille entgegen. Auch die handelsstatistische Leistung ist von Werth; wir haben bis jetzt nichts Aehnliches. . . . . Aber nicht darin liegt die eigentliche Bedeutung des Buches; sondern darin, daß es eine That ist und Thaten fordert. Es ist eine Parteischrift, ihr praktisches Ziel ist ihr die Hauptsache. Mächtig rüttelt sie das Gewissen und den Blick der Deutschen auf, um ihnen vorzuhalten, wohin wir streben müssen. — Jedenfalls ist sie ein bedeutsames Zeichen der Zeit.

Außerdem fanden sich günstige Besprechungen und Empfehlungen des Werkes in Leitartikeln und im Feuilleton der meisten bedeutenden Zeitungen Deutschlands, so u. a. in folgenden:

Berliner Börsen-Zeitung, Nro. 535, vom 21. October 1880.
Der Reichsbote, Nro. 282, Berlin 1. December 1880.
Königsberger Allgemeine Zeitung, Nro. 248, vom 22. October 1880.
Hamburger Fremdenblatt, Nro. 232, vom 5. October 1880.
(Lübecker) Eisenbahn-Zeitung, Nro. 232, vom 3. October 1880.
Kieler Zeitung, Nro. 7807, vom 7. October 1880.
Bremer Handelsblatt, Nro. 1523, vom 18. December 1880.
Rheinisch-Westfälische Post, Nro. 250, Barmen-Elberfeld 25. October 1880.
Essener Zeitung, Nro. 290, vom 11. December 1880.
Nordhäuser Zeitung, Nro. 233, vom 5. October 1880.
Leipziger Zeitung, Nro. 259, vom 30. October 1880.
Thüringer Zeitung, Nro. 241, vom 15. October 1880.
Rheinischer Kurier, Nro. 234, Wiesbaden 5. October 1880.
Mainzer Zeitung, Nro. 240, vom 8. October 1880.
(Münchener) Neueste Nachrichten, Nro. 303, vom 29. October 1880.
Deutsche Reichspost, Nro. 272, Stuttgart 18. November 1880.
Breisgauer Zeitung, Nro. 238, Freiburg 10. October 1880.
Heidelberger Zeitung, Nro. 250, vom 23. October 1880.
Elsaß-Lothringische Zeitung, Nro. 248, Straßburg 21. October 1880.
Prager Tageblatt, Nro. 287, vom 15. October 1880.
Tagespost, Nro. 269, Graz 7. October 1880.
Export, Nrn. 39 und 40, Berlin 28. September und 5. October 1880.
Preußische Jahrbücher, pag. 643 im December-Heft 1880.
Deutsche volkswirthschaftliche Correspondenz, Nro. 77, vom 20. Novbr. 1880.
Deutsche Wirthschaftspolitische Korrespondenz, Nro. 19, vom 30. Octbr. 1880.
Magazin für die Literatur des Auslandes, Nro. 44, vom October 1880.

England so groß gemacht, und möchte es den Deutschen zu verständiger Nacheiferung empfehlen: ähnlich, wie es im 17. Jahrhundert Männer wie Sir W. Raleigh, Sir Th. Culpeper, Sir W. Temple, Sir J. Child ihren Landsleuten gegenüber mit dem Vorbilde Hollands machten.

Jenaer Literaturzeitung, pag. 219 Nro. 16, 1879.

(Von Prof. Dr. Alfred Kirchhoff). Dieses Werk erscheint gerade zur rechten Zeit und verdient wegen seines Reichthums an durchweg auf eigener Erfahrung beruhenden Urtheilen über den rechten Weg zur Erschließung des tropischen Afrika, insonderheit für die Interessen des wirthschaftlichen Lebens unserer Nation, Beachtung in den weitesten Kreisen. . . . . Der Verfasser zeigt sich in diesen Darlegungen, welche er formgewandt zu abgerundeten Einzelbildern zu verarbeiten verstand, nicht nur als ein geschmackvoller Essayist, sondern auch als ein vorurtheilsfreier Beobachter von weltmännisch weitem Gesichtskreis und gediegenem Urtheil und wußte praktisch verwerthbaren Rath aus den empfangenen Eindrücken zu ziehen, was unsern regelmäßig nur theoretisch geschulten Afrikaforschern selten möglich wird. . . .

Die mit Beiziehung weiteren Quellenmaterials ausgeführte große Karte, welche dem Werk beigegeben ist, erleichtert das Verständniß dieser Studien und ist die erste kartographische Darstellung der äquatorialen Küste Westafrikas in so beträchtlichem Maßstabe. . . . Zumal das so verwickelt gebaute Ogohoue-Delta hat hier ein nicht unwesentlich verbessertes Aussehen erhalten.

Die Natur, pag. 86 Nro. 7, vom 12. Februar 1879.

(Von Prof. Dr. Karl Müller). . . . Derartiges haben wir in so zusammenhängender Weise noch nicht gelesen. . . . Der Verfasser hat gleichsam Ordnung in das Gewirr derjenigen Anschauungen gebracht, welche den afrikanischen Continent vom handelspolitischen Standpunkte aus betrachten. . . . Er schließt mit einer patriotischen Abhandlung über germanische Civilisation in Afrika, welche alle unsere bisherigen negativen Träume von Colonisation und Weltherrschaft über den Haufen wirft, um dafür ein thatkräftiges Handels- und Colonialleben an die Stelle zu setzen. Dabei fällt so viel Interessantes für die Naturgeschichte, Ethnologie und Geographie ab, daß das Buch auch nach dieser Richtung hin eine sehr positive Seite hat und Vieles in einem ganz neuen Lichte zeigt. . . .

Das Ausland, pag. 117 Nro. 6, vom 10. Februar 1879.

(Von Friedrich von Hellwald). . . . Die Lectüre des Buches gewährt viel Genuß. . . . Das Buch ist, wie schon bemerkt, sehr interessant und wir werden demselben noch manches anregende Detail entnehmen. (Ist mehrfach geschehen.)

Globus XXXV, pag. 138 Nro. 9, 1879.

(Von Dr. Richard Andree). . . . Eine ganz besondere Erwähnung verdient auch die von Ludwig Friederichsen herrührende, dem Buche beigegebene Karte. Wie sich von einem so tüchtigen Kartographen erwarten ließ, haben wir hier eine ausgezeichnete Arbeit vor uns. . . .

Ursprung und Entwicklung der Religion pag. 146, Straßburg 1880.

(Von Prof. F. Max Müller in Oxford): „Ein werthvolles Zeugniß für die Richtigkeit unserer Bedenken findet sich in dem sehr beachtenswerthen Buche von Hübbe-Schleiden, „Ethiopien" etc."

Bedarf Deutschland Colonien? pag. 99, Gotha 1879.

(Von Dr. Friedrich Fabri): „In der That eine vortreffliche Studie, die dem Besten, was je über Afrika geschrieben, würdig zur Seite tritt. Der Verfasser bietet hier das Resultat seiner vielseitigen Beobachtungen in ebenso belehrender, wie anziehender Weise. Und was seinem Buche besonderen Werth verleiht, ist die durchaus praktische Tendenz, die seine Darlegungen für jede Unternehmung in Mittelafrika zu einem sehr brauchbaren Hülfsmittel macht. Vielfache Studien zum Verständnisse colonialer Politik und der mit ihr unmittelbar zusammenhängenden wirthschaftlichen Fragen sind verarbeitet, und was der Verfasser über die klimatische Beschaffenheit, über die culturellen und commerciellen Verhältnisse, was er über den Neger, seine Natur und seine Behandlung, seine Erziehung zur Arbeit sagt, zeugt ebenso sehr von treffender Beobachtungsgabe, wie von wohlwollendem und klarem Urtheil."

Oesterr. Monatsschrift für den Orient, pag. 104 Nro. 6, 1879.

(Von Dr. Oscar Lenz). . . . Dr. Hübbe-Schleiden erzählt seine persönlichen Erlebnisse mit den verschiedenen Stämmen der Eingeborenen, die eine Fülle von interessanten Schilderungen bieten. . . .

Deutsche Rundschau, V pag. 487, vom 18. Juni 1879.

(Von A. Lammers) . . . . Eine Skizzenreihe von außerordentlichem Werthe. Es giebt in unserer Sprache nicht viel, was dieser Leistung gleichkäme oder gar sie überträfe. . . . . Dr. Hübbe-Schleiden sah und hörte in Afrika mit mehr Sinnen, als sonst selbst die besten Beobachter pflegen. . . . Es ist ein wahrer Genuß mit Dr. Hübbe durch die äußeren Praktiken westafrikanischen Tauschhandels, welche er ergötzlich und durchsichtig darstellt, vorzudringen zu den ihnen zu Grunde liegenden Rechtsanschauungen des Negers. . . .

Geographische Nachrichten, pag. 389 Heft VI—VIII, 1879.

(Vom Central-Verein für Handelsgeographie und Förderung deutscher Interessen im Auslande) . . . Bei den Vergleichen, welche Dr. Hübbe-Schleiden in Bezug auf die romanischen und germanischen Nationen anstellt, soweit es sich um die Fähigkeit zum Colonisiren handelt, zeigt er sich als sehr scharfsinniger Beobachter, und seine Mittheilungen über die Bewohner Ethiopiens sind psychologisch ebenso interessant wie in ihrer volkswirthschaftlichen Anwendung von überzeugender Klarheit. .

Aehnliche Aeußerungen fanden sich in vielen anderen Tagesblättern, Illustrirten Zeitungen, Wochen- und Monatsschriften, von denen hier beispielsweise folgende erwähnt sein mögen:

Nord und Süd, IX, 26 pag. 283, 1879.
Nationalliberale Correspondenz, vom 30. April 1879.
Kölnische Zeitung, Nro. 7, vom 7. Januar 1879.
Hamburgischer Correspondent, Nro. 298, vom 15. December 1878.
Hamburger Nachrichten, Nro. 302. vom 19. December 1878.
Mittheilungen der Geogr. Gesellschaft in Hamburg, pag. 69 Heft 1, 1878—79.
Weser-Zeitung, Nro. 11487, vom 5. Januar 1879.
Bremer Handelsblatt, Nro. 1438 pag. 170—172, vom 3. Mai 1879.
Nordwest, pag. 229 Nro. 29, vom 20. Juli 1879.

Hannoverscher Courier, Nro. 9760, vom 7. Juni 1879.
Magdeburger Zeitung, Beilage zu Nro. 27, vom 7. Juli 1879.
Deutsche Allgemeine Zeitung, Nro. 30, vom 5. Februar 1879.
Literarische Beilage der Karlsruher Zeitung, pag. 185 Nro. 24, vom 14. Sept. 1879.
Schwäbischer Merkur, Nro. 44, **Schwäbische Kronik**, pag. 353, vom 20. Febr. 1879.
Magazin für die Literatur des Auslandes, pag. 362 Nro. 23, 1879.
Het Vaderland, Nr. 22, Haag, 27. Januari 1879.
The Saturday Review, pag. 346, March 15, 1879.

Druck von Ackermann & Wulff in Hamburg.

FSC
www.fsc.org
MIX
Papier | Fördert
gute Waldnutzung
FSC® C083411

Kolibri 360 GmbH
Ferdinand-Jühlke-Straße 7
99095 Erfurt, Deutschland
produktsicherheit@kolibri360.de